包装设计

第2版
Package Design

NEW –
POWER

"十四五"普通高等教育规划教材
设计新动力丛书
获得中国出版政府奖
装帧设计奖提名奖

曾敏

著

西南大学出版社
国家一级出版社 全国百佳图书出版单位

20 多年前，一套"21 世纪设计家丛书"曾经让设计师和未来的设计师对即将到来的新世纪充满期望。

岁月流转，当新世纪的曙光渐渐远去的时候，国内的设计师们高兴地感受到了时代的恩赐：20 多年来，社会主义市场经济已经基本完成了对设计的确认，日常生活表现出对设计的强旺需求，文化建设正在对设计注入新的活力，频繁的国际交流增强了中国设计的自信……随着各行各业对设计的投入越来越大，人们对设计和设计师的期望也越来越高。这一切，或许也是设计教育长存不衰的缘由。

确实，进入 21 世纪，中国的设计教育迎来自己前所未有的好时光。设计和设计教育的勃兴无疑对高速发展的中国社会提供了些许前所未有的新动力。这一点，随着时间的推移，还会进一步获得印证。随着设计概念的普及，越来越多的人懂得了设计在经济发展、社会进步、文化建设中的关键性作用；懂得了在现今这一历史阶段，离开了设计，几乎一切社会活动都将难以进行。无论是理性的、商业的，还是激情的、文化的，无论是学习西方的、先进的，还是弘扬民族的、传统的，无论是大型的、宏观的，还是小型的、私密的；无论是 2008 北京奥运会，还是 2010 上海世博会，只要是公开的、需要展现的，就不能缺少设计的参与。随着设计理念的深入人心，设计师们的艺术智慧和设计创意源源不断地流向社会，越来越多的人懂得了包装设计不只是梳妆打扮，装饰设计不等于涂脂抹粉，产品设计不仅仅变换样式，时尚设计不在于跟风卖萌，视觉设计已经不再满足于抢眼球，环境设计也开始反思一味地讲排场、求奢华的弊端，设计内涵的表达、功能的革新、样式的突破、情感的满足、文化的探索等一系列原本属于设计圈内的热门话题，现在都走出了象牙塔，渐为普通大众所关心、所熟知。

当然，在设计行业风光无限的同时，设计遭遇的尴尬也频频出现。一方面，设计在帮助人们获得商业成功的同时，也常常一不小心，成为狭隘的商业利益的推手。另一方面，设计教育在持续了十多个年头的超常规发展之后也疲态毕露，尤其表现在模式陈旧、课程老化、教材雷同、方法落伍、思维凝结等方面，甚至，在一定程度上游离于社会实践。

不仅如此，设计和设计教育的社会担当和角色定位还仍然处于矛盾和纠结之中。在国内，设计的社会作用和社会对设计的认可还远没有达到和谐一致，这使得我们的设计师往往需要付出比发达国家设计师多得多的代价，而他们的智慧和创意还常常难以获得应有的尊重。设计教育在为社会培养了大批优秀设计师的同时，还承担着引领社会大众的历史职责。诸如设计和生态环境、设计和能源消耗、设计和材质亲和，以及设计如何面对传统和时尚、面对历史和未来、面对可持续发展，所有这些意想不到的种种纠葛、矛盾，都会在第一时间挑战设计思维，也都会在整个过程中时时叩问着设计和设计教育的良心。

设计教育的先驱，包豪斯的创始人格鲁比斯认为，"设计师的职责是把生命注入标准化批量生产出来的产品中去。"设计师的职责是伟大的，设计教育的使命是崇高的，可面临的挑战也不言而喻。

工业革命以来，设计一直站在社会变革的最前沿，如果说，第一次工业革命给人类带来效率和质量的同时把人们束缚在机器上，第二次工业革命给人类带来财富和质量的同时把人们定格在工作上，第三次工业革命，以信息为主导的交互平台成功地将人类"绑架"在手机上，那么，设计在这三次工业革命中所起的作用是否值得我们反复思考呢？

对于初期的大机器生产来说，设计似乎无关紧要；对于自动化和高效率来说，设计的角色仅限于服务；而随着信息社会的临近，设计也逐渐登上产业进程的顶端。我们曾经很难认定设计是一种物质价值，可实际上设计缔造的物质价值无与伦比。我们试图把设计纳入下里巴人的实用美术以便与阳春白雪的纯艺术保持距离，可设计却以自身的艺术思维和创意实践不断缩短着两者的间距并且使两者都从中获益。

如果说，在过去的 20 多年中，设计的主要功能是帮助人们获得了商业成功。那么现在，毫无疑问，时代对设计提出了新的挑战。这就是，在商品大潮、市场法则、生活品质、物质享受、权力支配等各种利益冲突的纠葛中，如何通过设计来重新定位人的尊严和价值，如何思考灵魂的净化和道德的升华，如何重建人际间的健康交往，如何展现历史和地域的文化活力，如何拓展公众的视野，如何让社会变得更加多元和包容，如何感应人与自然的利益共享及可持续发展。这也是人们在今后相当长一段时间内对设计和设计教育的期望。

新的挑战也是我们的新动力。

本丛书就是在基于上述的思考过程中缓缓起步的。我们期望，丛书多多少少能够回应一些时代的质询，反思一些设计教育中的问题，促进一下学习方式的转变，确认一下设计带给社会的审美标高和价值取向，最重要的，是希望激发出人们的设计想象力和造物才华。

我们相信，在新一轮的社会发展过程中，设计的作用将越来越重要，设计教育的发展应该越来越健康。

一个政治昌明、经济发达、文化多元、社会公正的中国梦也必将对设计发出新的召唤——期待设计和设计教育作为社会进步的新动力尽快进入角色。

杨 仁敏 四川美术学院 教授

Foreword 前言

当今商品零售市场面临着这样的背景与趋势：商品极为丰富且竞争激烈的市场大背景，从重视商品形象与性价比转向重视品质和体验的消费需求趋势；线上零售与线下零售体系在激烈竞争中逐渐呈现出融合态势。这些变化与新趋势，作为不同于以往任何时代的新动力，正引领当今商品包装设计发生重大的变化。

立足于社会发展趋势之上，应合于市场需求之中，大胆展开有方向、有价值的设计创新是本书编写的核心指导思想。

本书一方面既站在"设计"之外看包装，又立足于包装设计实践，面向数字化营销时代，关切设计行业和设计教育的新发展，探索包装设计的新价值、新功能、新特点。另一方面，也深入探讨包装设计若干重要的常识和基本规范，并重点立足于新时代、新环境与新需求，探索包装创新设计的观念、思维、策略与方法。事实上，这些思维、策略与方法，对需要在当下通过"设计"为市场创造价值的设计师来讲，相信有诸多相通之处。

本书主要是为包装设计师及艺术设计专业院校的大学生而编写。内容从包装设计的宏观业态背景到设计常规再到设计创新研讨，力求简要清晰、体系完整。编写中融入了我多年从事包装设计实践与教学的积累，对包装创新设计中的关键技巧进行了提炼，引导读者在尽可能接近包装设计"实战"的状态中，获得包装创新设计能力及鉴赏能力的提升。但由于我学识与经验有限，难免存有不足之处，诚望读者朋友予以批评指正。

四川美术学院副教授　曾敏

2022 年 7 月 28 日

Contents 目录 Package Design

导言

谈到"设计",人们常常想到的情形是设计者在工作台与电脑前的工作。但那通常只是设计工作的方案表现环节之一,并非设计的全部过程。此环节之前,需要调研、定位;此环节之后,有正稿制作、打样测试、完稿验收。负责任的设计者,还会追踪产品包装的生产、销售和消费使用过程,积累经验和总结提高。(图1-1)

对有经验的设计者来讲,电脑通常只是进行设计方案的推演、呈现及印前制作的环节。而核心的设计定位、创意概念,早在市场调研的过程中就已经初步形成。并且,包装最终的成品效果控制,往往也是在印刷

打样环节以及卖场货架效果测试中进行的。即是说,包装设计中,设计方向的研究与确定、最终效果的定型,这两个最为重要的一头一尾的工作,是在大家通常以为的"设计"环节之外进行的。

因此,我们要站在"设计"之外,来审视包装设计。本章中,我们先从一系列基础概念群来进一步理解包装的概念、属性与类型等,并从业态的宏观发展趋势来读解和把握包装设计,为下阶段探讨包装设计的创新,做好基础理论与认知的准备。

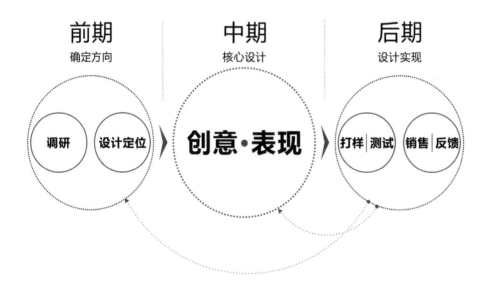

包装设计三大重要环节

前期	中期	后期
确定方向	核心设计	设计实现
调研　设计定位	创意·表现	打样　测试　销售　反馈

图1-1 在我们平常所见"设计"环节之前的调研与定位,之后的印前制作与印刷打样,都是关系到包装设计最终质量的紧要环节

第一节 理解包装

一、什么是包装

宽泛地讲，为了让人们更多、更好地知晓、接受、购买商品，而围绕商品信息传达和形象塑造进行的推广策划、设计与发布活动，都可以被看成是对商品的"包装"。例如，对商品形态的设计，对品牌形象的设计与推广，对商品的促销活动的设计与推广等。

一般情况下，人们所说的包装，特指有形商品的外包装物。

包装，不妨简单将其理解为"包"与"装"。

包，可以理解为包起来、包裹起来；装，可以理解为装扮、美化。前者重在技术、物质层面，强调包装的功能性；后者重在艺术、文化层面，强调包装的情感性。本书要探讨和研究的，将侧重于包装的"装"，兼顾"包"。

二、包装与我们的生活

包装是平常的，当它仅作为包装的时候。

包装是重要的，当人们需要通过它去达成某些特定目标的时候。

今天，地球人的生活几乎离不开"买买买"了，而几乎所有的商品都需要包装。商品，在被生产、贮运、销售和使用过程中，绝大多数都需要通过包装来保护、传达信息、美化形象，并方便其生产、管理与使用。

人们离不开包装，并喜欢漂亮有趣的包装，会为了包装的漂亮有趣而购买一盒糖果，但几无可能因为包装漂亮就去买下一盒药来吃。（图1-2、图1-3）

图1-2 人们会欣赏一款漂亮的药盒，但不会因为包装好看就买它来吃

图1-4 无论在实体店还是网络购物，对于礼品，大家都尤重视包装
设计：李永铨

图1-3 沙丁鱼罐头改进设计方案　设计：唐雨荷　指导教师：曾敏
设计者诙谐地设计了一群沙丁鱼正在逃离罐头一样闷的地铁车厢的外包装

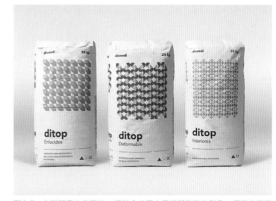

图1-5 水泥属于生产资料，通常企业不太重视其包装的形象。但是有品牌
意识的企业，不会放过包装这个重要的接触点，以此来展示、塑造品牌形象

图1-6（右页）
一组具有保护功能、信息传达功能，并富有创意与艺术美感的包装

　　在今天的日常生活中，商品需要购买，商品包装则会被扔弃。商品包装，在此买买买、扔扔扔的过程中，我们常常无视其存在。但这并不是表明包装不重要。例如，当人们第一次面对某款商品的时候，通常会仔细打量其包装，并把包装作为重要的购买依据之一。而当采购礼品时，还会特意向营业员强调要包装完美，并配上合适的手提袋（图1-4）。在商品生产环节，对于那些意识到包装对其市场重要性的企业来讲，包装是重要的；而对于那些并不重视包装价值的企业来讲，包装则似乎并不重要。但这并不意味着，商品包装真的就不重要。（图1-5）

　　人们某些时候，可能仅仅需要保护功能完备的包装。但更多的时候，人们需要包装在保护功能完备的同时，也能提供可以让人清晰识别商品相关信息的功能。而在日常商品包装中，在相当多的情形下，包装还需要提供给人们良好的艺术感受和情感体验。因此，可以这样讲，包装，能够让我们的生活更加便利，也可以让我们的生活更加美好。（图1-6）

　　以上，是关于商品包装的一般理解。考虑到本书的读者主要是设计专业的学生或者设计师，我们可能需要进一步对下列概念组加以探讨，以便于大家对后续内容的顺利解读。

第二节

设计师需要探讨的三组概念

一、产品包装—商品包装

（一）产品包装

产品，是指能够提供给人们使用并满足人们某种需要的任何东西，包括有形产品、无形的服务、组织、观念或它们的组合。

包装，即"包"与"装"，指对产品进行包裹与装扮。"包"更多地与技术、经济有关；"装"更多地与艺术、文化有关。通常，"包装"是对有形产品而言的。有时候，"包装"一词也被借指对某事物的形象进行美化。本书主要讨论前者。

产品包装，指在产品的生产、贮运、使用过程中，为了保护、便利、识别以及美化的目的，而对有形产品进行的"包裹"与"装饰"。

（二）商品包装

商品，指被用于交换的产品。

狭义的商品仅指符合定义的有形产品；广义的商品除了可以是有形的产品外，还可以是无形的服务。一般认为，商品的范围是两个不同的劳动产品集合的差集。

在马克思主义政治经济学中，商品的定义是"用于交换的劳动产品"。随着经济的发展，许多自然资源以及非劳动产品也进入交换领域，因此现代经济学家在原定义的基础上对商品定义进行了扩展与外延，得出了广义的商品定义，即"商品是用于交换的使用价值"。其中特别强调"必须通过交换过程，实现使用价值的转移才叫商品"。①

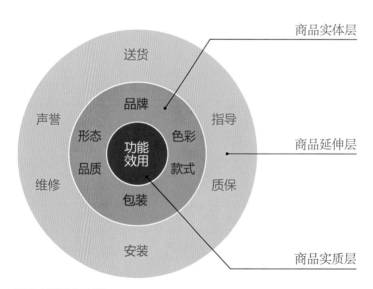

图1-7 商品概念的三个层次

①黄延峰.广义商品定义与自然资源的价值分析［J］.商业研究，2001（3）：26-28.

商品的概念可分解为三个层次：商品实质层、商品实体层和商品延伸层。（图1-7）

商品实质层，即商品的功能和效用。人们购买某种商品，本质上不是为了获得商品本身，而是为了获得商品带给我们的某种需求的满足。

商品实体层，指商品的功能和效用总是通过一定的具体形式反映出来的。

商品延伸层，是指消费者在购买和使用商品时获得的各种附加利益的总和。

在商品经济发达的时代，在激烈的商业竞争中，商品的实质层和实体层相对容易出现同质化现象，而商品延伸层的价值往往成为竞争的决定性因素。例如，购买一套《三国演义》，商品的实质层是小说的内容，书籍的形式是其实体层。不同出版社的不同版本可能在同一个书店的架上竞争，在价位相近的情况下，书籍设计质量和印刷质量所综合呈现的延伸层价值，通常成为读者选购的决定性因素。

商品包装，是对商品的"包"与"装"。其主要目的，是在生产、贮运、销售和使用过程中，对商品进行有效保护，使商品使用便利及促进商品销售。

二、市场—销售—营销

（一）市场

传统意义的"市场"，是指商品买卖的场所。

学术角度的"市场"，是指一定时间、地点条件下商品交换关系的总和，是商品生产者、中间商和消费者之间交换关系的总和。

现实意义的"市场"，主要指"消费需求"。

菲利普·科特勒认为：市场是由一切具有特定欲望和需求，并且愿意和能够以交换来满足这些需求的潜在顾客所组成。市场规模的大小，视具有需要、拥有他人需要的资源，并愿意将此资源换取其所需的人数多少而定。

市场的要素包括：买方、卖方、可供交换的货物及资金、交易的场所及时间。其中消费者、购买力、购买欲望，这三者形成现实意义上的市场要素。

（二）销售

销售就是介绍商品的利益点，将商品售卖给客户的过程。

（三）营销

营销的字面含义，可以理解为"对销售的经营"。

营销是通过"营造新的生活标准"，来策动人们内心对拥有某种价值的欲望，从而购买能帮助实现这种价值的特定商品。因此，管理大师彼得·德鲁克说："营销的目标是将销售变得不必须。"

"现代营销学之父"，《市场营销学》的作者菲利普·科特勒博士把营销最简单的定义为：管理盈利性客户关系。

营销观念是指导营销战略，平衡顾客、组织和社会之间利益关系的哲学。通常认为从工业化革命至今，营销观念发展出生产观念、产品观念、推销观念、市场营销观念、社会营销观念五种。这些观念在今天的营销战略的管理中，常需要依据具体情形不同进行合理的选择与综合运用。

1.生产观念阶段

19世纪末至20世纪初，工业化初期，市场需求旺盛，但社会产品的供应能力不足。消费者总是喜欢可以随处买到价格低廉的产品，企业也就集中精力提高生产力和扩大生产分销范围，增加产量，降低成本。重视生产的发展，不注重供求形势的变化，是这个阶段营销观念的特点。生产观念是最古老的，但迄今为止是在某些情形下依然行之有效的营销管理导向。

2.产品观念阶段

20世纪初至20世纪30年代，经过前期的培育与发展，市场上的消费者开始更为喜欢高质量、多功能和具有某种特色的产品，企业也随之致力于生产优质产品，并不断精益求精。这一时期的营销战略常常集中于持续的产品改善，并不太关心产品在市场上是否受欢迎，或是否有替代品出现。

3.推销观念阶段

20世纪30年代至20世纪50年代，由于处于全球性经济危机时期，消费者购买欲望与购买能力降低，在市场上，商家货物滞销，堆积如山，企业开始收罗推销专家积极进行广告和推销活动，以说服消费者购买企业产品或服务。推销观念重视交易的达成，但通常忽视了顾客真正的需求，忽视了建立长期、有价值的客户关系。

4.市场营销观念阶段

20世纪50年代至20世纪70年代，由于第三次科技革命的兴起，研发受到重视，加上二战后许多军工产品转为民用，社会产品增加，供大于求，市场竞争开始激化。以市场需求为中心，为客户创造价值成为通往销售和利润的必由之路。市场营销观念指导下的营销战略，不是为产品发现合适的顾客，而是为顾客发现合适的产品。

5.社会营销观念阶段

20世纪70年代至今，为了满足消费者的短期欲求，企业运营所带来的全球环境破坏、资源短缺、通货膨胀、忽视社会服务等问题日趋严重。企业开始在满足消费者需求的同时，以消费者和社会公众的长期福利作为基本的营销理念，以维持或改善消费者及社会的长远福利的方式向顾客传送价值。这是理想的市场营销观念，它力图在消费者的短期欲求与消费者、企业和社会的长远利益之间，找到可持续发展的平衡。

三、艺术创作—商业设计

托尔斯泰认为，艺术即情感交流。

人们为了表达自己的情感，并与他人进行情感交流，而创造出某种物化的事物或者行为方式。这些事物或者方式，作为情感交流的介质，是艺术创作与商业设计都具有的明显共性。

然而两者之间的不同之处也很多，其中明显并且主要的不同在于：

在创作性质上，艺术创作可以是为个人、小众的创作，而商业设计却常常是为特定消费群或者大众的创作。艺术创作可以更纯粹地作为创作者本人情感和审美表达的途径，而不一定必须去考虑观众的感受；但商业设计通常需要通过设计师的情感和审美表达，来引导出受众的类似审美感受。

在创作目标上，艺术创作可能有目标也可能没有明确目标，但商业设计一定是要围绕特定目标来进行的。艺术创作的目的可以仅仅是创造美的形式；而商业设计，常常是借助美的形式来达成特定的商业目标。艺术创作可以只是表达作者自己，商业设计却需要作者表达委托方和消费群的需求。

在表现语言上，艺术创作常常倾向于采用独特、小众的语言形式来对主题进行表现；而商业设计，却往往必须采用大众容易理解、接受的，并且在此基础上还具有创新性的语言形式来进行设计表达。

在创作过程中，艺术创作可以只是关注作品原稿本身的完整性和创新性，而商业设计还需要关注目标受众群在理解、接受上的"可否"与"度"，以及在批量复制、生产环节的可行性。

第三节 包装的价值

包装的价值，站在不同人的角度可能有着不同的关切重点：在商人眼中，包装的价值在于好不好销售及成本是否够低；在顾客的眼中，包装的价值在于好不好看与好不好用；在设计师的眼中，包装的价值在于市场反响及业界评价；在学者的眼中，包装的价值或许在于其社会影响或哲学价值。

然而，包装的生命，毕竟体现于其现实的应用过程，而不是被放在历史的坐标系中进行道德评价或者考古研究。因此，包装的价值，最重要的，应该还是在于其现实的应用价值。

有社会责任感的设计师应该明白，包装的现实应用价值，必须借助现实的市场需求才能得以实现。而市场需求，是综合性的，并且是随着时代的变化而变化的。在商品经济高度繁荣和信息传播技术空前发达的当今，包装设计常常需要在重视市场价值、审美价值的同时，也在相当程度上对其社会价值给予观照。

好的包装设计，不仅要好看、使商品好卖、成本低，还要具有良好的社会价值。例如，经典的可口可乐曲线瓶，100余年来，其独特造型已经在世界范围内深入人心。可口可乐公司历史上曾多次对瓶型进行创新设计，但几乎每次都以回归经典曲线瓶告终，因为世界范围内的消费者都已经认同这款100年高龄的曲线瓶设计。（图1-8）

近年，可口可乐以移动互联网为传播平台，用数码技术创新设计、印刷的百万支不同瓶贴的可乐瓶，以及针对跨国民工以"集可乐盖打长途电话"的公益活动，在强化大家心目中"曲线瓶"形象的同时，还成功强化了可口可乐创新、时尚、公益的品牌形象。（图1-9、图1-10）

更多精彩内容

图1-8 经典的可乐瓶

图1-9 可变印刷的可乐瓶
2014年11月，可口可乐以色列分公司推出一系列宣扬顾客个性的"保持卓越"活动，为200余万瓶可乐设计了独一无二的包装。包装图案设计由计算机程序完成，采用可变数字技术进行印刷

图1-10 可口可乐的公益电话亭
将积累的几个瓶盖投入可口可乐专用电话亭，就可打一定时间的长途电话。这为第三世界的民工创造了以低成本与远方家乡亲人联系的机会

图1-11 贮运包装

图1-12 销售包装

第四节 包装的类型与特点

一、按流通中的作用分类

按商品流通中各环节所起的主要作用，包装可以分为：贮运包装、销售包装。

贮运包装，主要是在工业生产、仓库贮存和物流运输过程中为商品提供保护、识别、计量的包装。比如常见的瓦楞纸箱、运输木箱等。（图1-11）

销售包装，主要为了在销售终端进行商品展示，以获得消费者认同，在消费环节对商品提供保护并方便消费者使用。比如常见的酒瓶、烟盒、休闲食品袋、水果罐头等。（图1-12）

二、按消费行为特性分类

按消费者购买行为的特性，消费行为大致分为两类：

一类是理性消费行为，指消费者主要依据理性比较、分析、判断而采取的消费行为。

另一类是感性消费行为，指消费者主要由感性因素而导致的消费行为。

据此，消费者通常要对其进行理性的调查、分析与权衡后，才会实施购买行为的商品，被称为理性消费商品。如房产、车辆、药品等。而那些主要依赖情绪感染力影响消费者

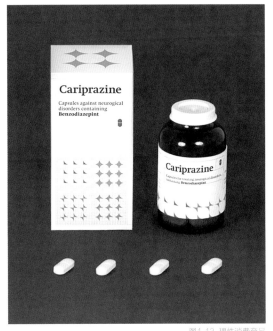

图1-13 理性消费商品

图1-14 感性消费商品

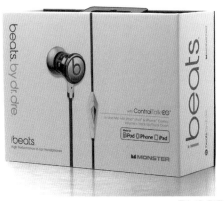

图1-15 耐用商品

图1-16 快速消费商品

购买行为的商品，则被称为感性消费商品。如休闲食品、小电子产品、CD等。

理性消费商品的包装设计，除了恰当的风格设计外，应该更重视清晰准确的信息传达。（图1-13）而感性消费商品的包装设计，通常需要富有新意且情绪感染力强的设计风格，以达成良好的情绪促销效果。（图1-14）

三、按消费周期的长短

按消费周期长短，包装可以分为耐用品包装与快消品包装。

耐用品，指使用寿命较长（一般达1年以上），价格较高，并可多次使用的消费品。如电动剃须刀、台灯等。（图1-15）

快消品，指使用寿命较短，消费速度、频率较快的消费品。如牙膏、饮料等。（图1-16）

通常人们对耐用品的选择更倾向于产品质量、服务和价格方面，相对快消品会更为理性。而对快消品，在经过几次尝试性购买和使用后，通常会形成相对稳定的长期购买习惯。

所以，进行包装设计时，快消品往往会更重视视觉识别，而耐用品通常更着力于信息的有效传达。

四、按产品类型分类

人们习惯会按不同品类名称来区别商品，并以此来进行包装分类。例如，酒包装、五金包装、茶叶包装、日用品包装等。

人们对于那些成熟品类的商品形象通常具有某些共性预期，同时又对其中某款具体的商品有着某些独特的价值期待。商品包装设计需要在这共性预期和独特价值期待之间，找好平衡。

商品品类具有不同的层级和角色划分。（图1-17）

品类通常可划分为大类、中类、小类、细类等层级。比如，食品饮料（大类）——休闲食品（中类）——巧克力（小类）——黑巧克力（细类）。

品类在市场活动中，因为消费需求、商品属性等的不同，而扮演不同的"品类角色"。主要包括以下五类：

（一）普遍性品类

消费者于日常生活中或因习惯使然而经常购买的商品，例如，香烟、矿泉水等。通常这类产品每家商店都有贩卖，其形象与包装通常注重与同类商品形成差异化设计，以在激烈的竞争中获得消费者的高效识别。

（二）特殊性品类

某类商品具有某种吸引消费者的特性，而且该品类是其销售商店与众不同的卖点，消费者会为了购买这类商品而专程前来。例如，眼镜店、Apple Store等。

（三）偶发性品类

该品类商品主要是满足消费者在偶发状况下所引发的需求。例如，礼盒包装的巧克力等。偶发性品类商品的包装设计，会更多地强调其对某种偶发性需求的满足。

（四）季节性品类

该品类商品是为应对特定节日或活动所销售的商品。例如，月饼、圣诞树等。其包装形象设计往往需要充分体现节日氛围以调动消费者的节日情绪。

（五）便利性品类

该品类商品是为消费者进行某项活动时提供便利的商品。例如，为了参加演唱会而准备的发光棒等。

五、按外观形态分类

简要罗列常见包装形态如下：

箱，指用木板、胶合板、纸板、金属及塑料制成的有一定刚性的包装容器，一般为长方体或方体。尺寸比盒大，一般用作商品的运输

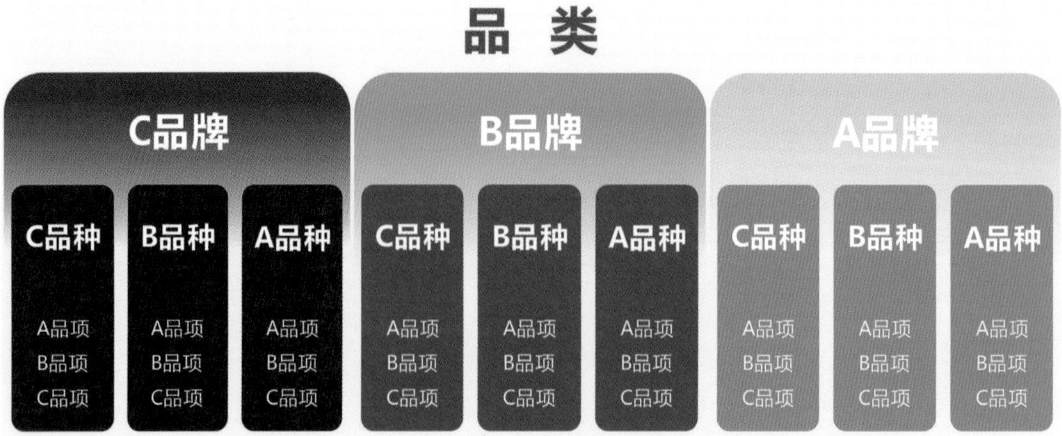

图1-17 品类/品牌/品种/品项层级示意图

包装容器。（图1-18）

盒，容量较小，由底、盖相合而成的具有一定刚性的包装容器。形状和材料多样，便于销售、携带和启用。一般用作商品的销售包装容器。（图1-19）

桶，通常指容积较大、深度较大的容器，多为圆筒形，形状、材料多样。（图1-20）

坛，一种口小肚大的包装容器。通常使用陶土、瓷土、玻璃或塑料制成。可具有良好的密封性、防潮性和抗腐蚀性。（图1-21）

罐，通常为圆柱形或其他规则形状的小容量密封包装容器。一般由罐身、罐底和罐顶组成。罐类包装密封性好，可保护内部商品较长时间不坏，方便储存和运输。（图1-22）

瓶，一般指有颈的包装容器，顶部开口，可用盖子或瓶塞封闭。瓶类容器密封性较好，对内容物的保护性较强，利于装饰，便于携带。但空瓶储存、运输占地较大，费用较高。（图1-23）

图1-18 箱

图1-19 盒

图1-20 桶

图1-21 坛

图1-22 罐

图1-23 瓶

图1-24 软管

图1-25 袋

软管，用软性材料制成的圆柱形包装容器。一端折合压封或焊封，另一端为管嘴或管肩，挤压管壁时，内容物由管嘴挤出。软管包装重量轻、密封性好、使用方便。（图1-24）

袋，一端开口的可折叠的挠性包装容器，开口端通常在填充内容物后封口。空袋体积小，重量轻，装填、开启、堆码方便，广泛用于多种商品包装。（图1-25）

六、按材质特点分类

现代包装容器材料多样，常见的主要类型可大致分为：纸张、塑料、玻璃、陶瓷、金属、木料、皮革、合成材料和天然材料等。（图1-26）

其中纸张、塑料、玻璃、金属等是制作现代包装容器最常用的材料。而每一大类材料中，又衍生出若干特性的品种，而且在不断地创新之中。

在进行包装设计时，需要合理考虑具体材质的成型、印刷特性。有经验的设计师常会将包装材质及加工、印制工艺作为重要的创意支点和表现语言运用于设计中。

图1-26 纸张、塑料、玻璃、金属包装组图

图1-27 大自然的包装——鸡蛋壳

第五节 发展与趋势

一、包装的发展

大自然为了保护和繁衍生命，产生了诸如贝壳、果壳、卵壳等形态各异的"自然包装"。这些"自然包装"曾经被我们的远祖利用，即使在今天仍旧在造福和启迪着我们。（图1-27）

当人类进化到开始改造自然的时候，烧制的土陶器、缝制的皮囊和编织的藤筐，这些用天然材料创造的"原始包装"，开始走入远古人类的生产、生活，而在今天，我们的生活中也不时会出现它们的遗韵。（图1-28）

随着第三次社会大分工，专门从事商品交换活动的商人阶层产生了，加快了产品交换的广度、深度和规模化的发展速度。为了能在流通过程中有效地保护商品，古代的人们逐步发展出一些早期商品包装。比如，为了确保内容物不被"调包"，人们常采用"封泥"的形式，对包装进行加密。（图1-29）

16世纪末到19世纪，工业化的出现导致商品包装的需求大量增长，促使一些发展较快的国家开始形成用机器生产包装产品

图1-28 原始人类创造的包装: 半坡指甲纹陶罐

的行业。例如，在包装技术上，16世纪中叶，欧洲已普遍使用锥形软木来塞瓶口，以使包装密封；1856年发明了加软木垫的螺纹盖，1892年发明了冲压密封的王冠盖，使密封技术更简捷可靠。18世纪发明了马粪纸及纸板制作工艺，出现纸制容器；19世纪初发明了用玻璃瓶、金属罐保存食品的方法，产生了食品罐头工业等（图1-30）。在包装识别上，1793年，西欧国家开始在酒瓶上贴挂

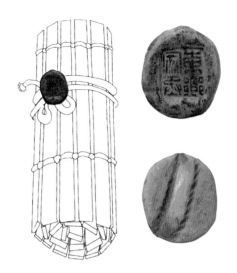

图1-29 汉代封泥的简牍包装：正面有"东乡家丞"字样，背面有绳子勒痕

图1-30 近代工业化生产的包装：19世纪的咖啡包装设计

图1-31 现代工业化生产的包装

标签；1817年英国药商行业规定对有毒物品的包装要有便于识别的印刷标签等。

现代社会，由于包装工业生产的迅速发展，特别是从20世纪中后期开始，随着国际贸易的飞速发展，包装已为世界各国所重视，大约90%的商品需经过不同程度、不同类型的包装，包装已成商品生产和流通过程中不可缺少的重要环节。现代包装已由简单的保护、容纳功能，发展成为沟通生产与消费的桥梁。融合了工业生产、科学技术、文化艺术、民俗风貌等多种元素为一体的包装，不仅可以保护、宣传商品，而且可以促销商品和提高商品的附加价值。（图1-31、图1-32）

图1-32 信息时代个性化的商品包装：意大利葡萄酒
Aquapazza系列标签设计

二、趋势的思考

（一）包装需求量增长

据中国行业研究网报道：史密瑟斯·皮拉（Smithers Pira）市场研究所日前的调查显示，全球包装的销售额，从2010年开始每年增长6700亿美元，当时预计在2016年年增长达到8200亿美元。作为增长的驱动力，一方面是发展中国家和新兴工业国家基于经济增长和人口的增加，对包装的需求量也随之增长。另一方面，西方工业国家的包装部门从品种多样化和销售点增多的竞争中获利。根据史密瑟斯·皮拉市场研究所2010年提供的数据来看，美国以1370亿美元的销售额成为全球最大的包装市场。中国以800亿美元紧跟其后。

更多精彩内容

图1-33 绿色环保的商品包装

因此，从宏观上看，商品包装没有因为电子商务而衰减，而是在继续保持旺盛的需求与发展。

（二）形象凸显差异化

进入21世纪，世界以超出人们预想的速度进入了信息时代，人们对商品需求也经历了从"缺"到"有"到"优"再到今天的"特"的时代。

计算机技术在信息传播、设计、生产、贮运、销售等领域的全面运用，让这个世界变得更小、更平、更快，让消费者对"特"的需求获得了现实条件的支持。

消费需求呈现出多元化、小众化、重视消费使用体验、绿色环保的趋势。包装设计亦然。形象、老旧、个性平庸但品质良好的商品，难以在信息时代的市场上有效发声。而具有明显差异化的商品包装，常常是抓住人们注意力的关键因素之一。这就越来越要求包装采用新的创意设计，以便使商品在销售终端通过包装凸显差异化。

个性化的，具有良好体验的，并与社会长远价值观相和谐的包装设计，已经不只是一种外在形式呈现，而是与品牌个性、商品特性、目标人群的品位关系紧密，并成为商品与品牌进行市场开拓的重要环节。

（三）绿色设计理念普及

1987年，第八次世界环境与发展委员会上通过的报告《我们共同的未来》，到今天已经在全世界范围内掀起了一个以保护生态环境为核心的绿色浪潮。今天，在各类设计活动乃至普通人群的日常生活中，保护生态环境逐步成为大多数人的共识，"绿色包装"的时代趋势已经初现端倪。（图1-33）

（四）电商平台强势增长

在当今绿色环保理念普及的同时，B2C、O2O等新兴的电商模式正在改变着零售业格局，导致商品包装功能的重心发生明显偏移，主要是回归到保护功能和内涵体验上来。这给了包装的绿色设计和内涵式设计新的契机。

绿色环保和电子商务，将形成未来商品包装业存在的主背景。

在此背景下，包装设计如何将"保护商品、绿色环保、消费者体验和成本效率"有机整合，是包装业界及设计教育界亟待系统思考和解决的问题。（图1-34）

更多精彩内容

图1-34 电子商务中的商品包装

导言

尊重常规，研究并超越常规，是重要的创新之道。

什么是"常规"？是做某件事通常的规范吗？对，但是又不全对。

常规，应该是为了完成好某件事，而需了解、遵循的常识性规范。例如，做某事通常需要明了其基本的概念、目的、原则、规范、流程等。

包装设计的常规，是为了解决好包装通常应该解决好的问题，而应遵循的规范。

本章主要研讨包装设计的流程、定位、内容等常规。其中的内容部分，包含"信息与风格""容器造型""印刷设计"三大板块的常规。

重视对"常规"的学习，将为后续"创新设计"打下一个良好的基础。

第一节 包装设计的流程

造房子的流程，是要先打地基，再筑墙体，最后才盖屋顶，而不是倒过来。顺应科学规律的、合理的流程，能事半功倍；不合理的、不科学的流程，则事倍功半。包装设计也是如此。

在课堂上，在设计工作台前常见的包装设计流程是：前期构思—草图绘制—电脑辅助设计—设计稿打样。但在设计市场上，一款商业包装的设计流程却延伸到更多的环节：设计合同与下单—调研—设计策略制订—设计—印制—包装—贮运—上架—销售—消费。（图2-1）

图2-1 商品包装设计流程图

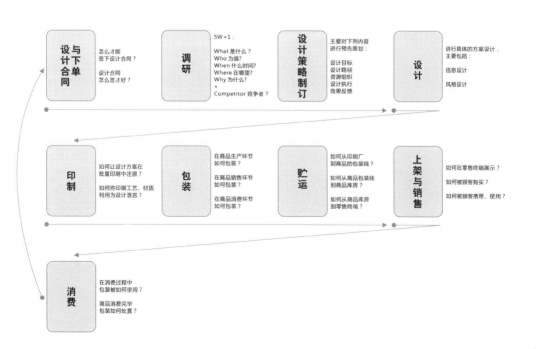

设计合同与下单， 是委托方下达包装设计任务的环节。需要签订好《设计合同》，合同中主要明确：设计项目的内容、数量、质量和时间要求等，明确双方的责、权、利，明确设计费用和支付方式等。

调研， 是根据设计任务展开市场调研，明确商品定位的环节。同时，通过调研发现可能发展的设计方向和可能存在的风险，为设计策略的制订打好基础。

设计策略制订， 主要是根据既定的设计目标和定位，结合设计项目的具体特点，制订有效率、有效果的设计策略，包括设计项目各级目标的明确，设计需要的人、财、物等资源的组织和设计工作计划等。

设计， 是包装设计流程中的核心环节，包括前期构思——草图绘制——电脑辅助设计——设计稿打样——正稿制作等工作。设计环节的前段，是把由前期的调研成果凝练而成的设计目标，以设计方案的方式进行呈现和研讨的过程；中段，主要是设计方案的细节完善；尾段，主要是确保设计方案符合相关行业规范，进行印前设计。

印制， 是印刷制作方按照设计，生产制作成品包装的环节。在此环节中，设计方应注意印前对包装生产厂进行技术交底，以使厂家能更好地理解设计意图，尽量确保批量生产的包装能更好地还原设计效果。

包装， 指成品包装被运送到企业的包装线进行商品包装的环节。设计时应提前了解企业的产品包装线有哪些技术特点，这些技术特点会影响到包装设计的哪些方面。

贮运， 指包装从包装生产企业到达商品生产企业，在包装商品后再到销售终端的贮藏、运输的过程。在贮运过程中，确保商品安全、方便商品识别是包装设计重点考虑的内容，有时也需要兼顾运输包装在卖场的堆码效果。

上架， 指被包装的商品经过物流运输到卖场后，摆上货架进行销售的环节。不同的卖场条件、不同的货架展示方式，都对商品包装的呈现效果产生不同的影响。设计师应该研究这些内容，在包装设计方案中进行预先考虑，确保大多数情况下包装能有较好的货架展示效果。

销售， 指消费者依据包装形象与信息选择和购买商品的环节。该环节中，消费者找寻、关注、了解和接受商品的状态不尽相同，设计师进行包装设计时应加以研究考量。

消费， 指包装随着商品一起被购买、被消费的环节。设计时通常需要考虑几个方面的情况：商品的购买者与最终的消费者是否相同？商品消费的主要场所、时机和情形是怎样的？商品被消费时，需要包装提供怎样的便利？商品消费后，包装是被直接抛弃还是能被再利用？包装被遗弃后是否易于回收利用和降解？等等。

第二节　定位，包装设计的指南针

一、定位概说

"定位"一词是由美国的艾·里斯和杰克·特劳特在1972年首次提出并加以推广应用的，2001年被美国营销学会评选为"有史以来对美国营销影响最大的观念"。2009年，美国《财富》杂志推出"史上百本最佳商业经典"前十位的介绍，由艾·里斯与杰克·特劳特合著的《定位》名列首位。

定位的概念，是"如何让你在潜在客户的心智中与众不同"。

定位的重点，是以打造品牌为中心，坚持竞争导向和占据心智，或者说是打造品牌或产品在消费者心目中的差异化优势。

定位成功的关键，在于比竞争者更了解顾客需求。这要求对市场需求和企业提供的服务具有更深刻、独到的认识。

二、包装设计的定位

商品包装设计的定位是结合市场竞争和本品牌及产品的条件，形成差异化的竞争优势。包装设计的定位是依商品的市场定位而确立的。在消费者的心目中为本品牌或产品树立一个独特的形象，正是商品包装设计定位的核心意义所在。（图2-2）

图2-2　江小白酒包装的信息与风格设计，良好地体现了其针对普通年轻人群的设计定位

商品包装的设计定位，是明确设计方向与目标，有效梳理设计体系的"指南针"。在进行商品包装设计时，如果不能正确理解商品的市场定位，或者虽然理解了商品的市场定位，但不能准确地进行包装形象的设计，都会导致包装形象与商品的目标市场错位，从而对商品的销售产生难以估量的损失。

商品包装设计的定位，主要通过包装的信息和风格设计来体现。包装的信息对商品市场定位的承载和反映，称为包装的信息定位。包装所承载的信息需要既客观又重点突出地反映商品的市场定位。包装的设计风格对商品市场定位的承载和反映，称为包装的风格定位。包装的设计风格需要与商品的市场定位保持一致，并以纯粹而浓郁的视觉氛围去感染目标消费群体。

三、定位的方法

此处介绍定位的三种常用方法：

（一）成为第一

成为第一，即通过抢先定位，力争自己的品牌第一个进入消费者心智，抢占市场第一的位置。

"成为第一"是进入消费者心智最重要的途径。对于包装设计而言，意味着其形象和信息的表达，一定要抢先在消费者心智中占据某一个价值独特的位置。比如，在趣味横生、五彩斑斓的婴儿洗浴品类中，强生婴儿洗浴露系列商品包装，以其简洁柔和的瓶型凸显了自己独特的货架竞争力。更为重要的是，其包装清爽的设计风格和"绝少刺激""宝宝用好，您用也好"等一系列的文案，深度切中了年轻父母们对宝宝的关爱之情。（图2-3）

图2-3 "强生"包装的抢先定位

（二）关联定位

关联定位是在难以成为品类的领导品牌时，通过寻找并利用消费者心智中关于既有品类的"空档"，来达成品类"第二品牌"的目的。

比如，在卫生巾品类中，作为地域性卫生巾品牌的舒莱，显然无法与苏菲、娇爽、护舒宝等全国和国际一线品牌全面抗衡。但其立足于"草本卫生巾"这一品类中的"空档"，推出"芦荟"系列卫生巾。在其包装设计上，采取了强化"芦荟"这一草本概念并适当弱化品牌的设计策略。这避免了与其他大牌竞争者直接进行品牌形象的竞争，而是避实就虚，以自己的独特价值占据品类空档。该款商品因为其产品及包装的准确定位，一上市就获得了良好的市场反响。（图2-4）

图2-4 关联定位的"舒莱"包装 设计：曾敏

（三）重新定位

通过研究不同时期消费需求的变化，并依据新的需求趋势对品牌或商品的定位进行重新设定或调整，此为重新定位。

在包装设计中，"重新定位"往往是使老品牌、老商品重新赢得消费者青睐的有效策略。比如，中粮集团旗下的一款长城干红葡萄酒，在1990年末至2000年初定位于礼品酒，并取得了不错的市场业绩。但是到2006年前后，逐渐呈现明显的销售疲态。经过调研分析，包装设计方发现，之前的定位已经不适合也不能满足新一代的消费群体需求。于是，设计方抛弃了原有定位，也抛弃了原包装基于东方传统礼仪文化的红金色调"大礼炮"式的设计风格，重新设定了基于新一代中青年消费群体"国际化的、葡萄酒文化的、重视细节品质的、与众不同的"定位策略，并且通过一系列包装设计语言进行有效表达。经过重新定位的包装设计，使该款葡萄酒迅速成了畅销品。（图2-5）

更多精彩内容

图2-5 "长城干红葡萄酒"的重新定位与包装设计，
　　　左上图是老款包装　设计：曾敏

第三节
信息与风格，
包装设计的主体内容

要上哪些信息？

要做何种风格？

信息与风格，是调研后需要提炼并进行设计体现的两个基本定位点。

一、包装信息设计概要

信息设计一词源自英文Information Design，是为了使人们能更有效地使用信息，而对其内容进行筹划，对其视觉样式进行设计的科学与艺术。

商品包装上的信息设计，对于引发消费者关注及说服消费者接受商品，具有重要价值。

信息以怎样的形式进行表达，即信息以何种风格样式进行设计，对于商品包装如何从纷繁复杂的信息背景脱颖而出并引发消费者的关注，具有重要意义。

包装上的核心信息能否在第一时间就凸显出商品最具差异化的价值点，很大程度上决定着商品能否触动消费者的购买欲望。而商品包装上其他更为详细、系统的信息，则对引导消费者深入了解商品、品牌及相关规范等信息，并从中研判是否采取购买行动，往往起着较为直接的作用。

二、包装信息定位

信息内容的选择与排序，是包装信息定位的重点。包装的信息内容主要包括核心信息、技术规范信息和引导信息三种类型。什么信息需要设计到包装上？它们相互间的主次关系如何？这两个方面直接影响包装信息设计的定位。（图2-6）

（一）包装信息的主要内容

1.核心信息

核心信息是指第一时间吸引消费者并引发关注的信息。

核心信息通常包括品牌名称、品项名称和卖点信息等。

品牌名称，即我们通常所说的"牌子"，如"五粮液""康师傅"等。

品项名称，指具体商品的名称，如五粮液的"一帆风顺"酒、康师傅的"红烧牛肉面"等。

| 核心信息 | 品牌、品种、卖点等构成包装的核心信息 |
| 规范信息 | 国家标准强制要求呈现的信息 |

主展示面▶

| 规范信息 | 国家标准强制要求呈现的信息以及行业惯例需要呈现的信息 |

侧面1▶

| 引导信息 | 阐述商品的差异化优势，以进一步引导消费者认同的信息 |

侧面2▶

图2-6 商品包装上的三种信息类型

卖点信息，指商品销售时最可能打动消费者购买欲望的信息，例如，方便面包装上出现的"+50克面饼""加量不加价"等这类的促销信息。

有时候三类信息是分工明确的，但是很多时候也是彼此融合的，比如"五粮液"既是品牌名称，在很多时候也是卖点信息。

2.引导信息

引导信息是指当消费者开始关注商品后，能及时引导消费者进一步读解并有效劝导其购买的信息。

引导信息通常是对商品特色较详细的介绍文字。例如，强生婴儿洗发水标贴中"对婴儿眼睛绝少刺激""宝宝用好，您用也好"这样的文字，可以进一步说服、引导消费者认同、购买产品。

3.技术规范信息

技术规范信息也可称为强制信息，主要指按照国家相关法律法规或者行业惯例要求而必须展示在包装上的那些信息。

强制信息通常是关于便于商品管理、确保商品安全、保护消费者利益或者介绍商品使用保存方法的信息等。比如，包装净含量、产品配方、条形码、国家主管机构的许可认证信息等。

包装设计师一定要注意相关国家标准或法规对不同类型商品的包装在信息传播、材质工艺等方面的特别规范。如果商品包装设计违反这些强制规范，则面临商品下架、企业被罚的危险，或造成严重的经济损失甚至品牌信任的损失。例如，中华人民共和国卫生部2011年4月20日发布、2012年04月20日实施的《食品安全国家标准预包装食品标签通则》（GB7718-2011）中，就对商品"净含量"的标注，根据不同商品性质和包装规格的大小，从标注单位、字体高度、在包装上的位置，都有明确规范。如：

（1）各种配料应按制造或加工食品时加入量的递减顺序一一排列。

（2）净含量应与食品名称在包装物或容器的同一展示版面标示。

（3）净含量字符的最小高度如图2-7。

净含量字符的最小高度

净含量（Q）的范围	字符的最小高度（mm）
Q≤50ml；Q≤50g	2
50mL<Q≤200mL；50g<Q≤200g	3
200mL<Q≤1L；200g<Q≤1kg	4
Q>1kg；Q>1L	6

图2-7 《食品安全国家标准预包装食品标签通则》中，
关于净含量字符的最小高度的规范

（二）信息的排序

信息的合理排序，是包装系统重点、突出传达信息的关键。

包装设计不需要也不可能对全部信息在同一版面进行强调，而应依据包装设计定位、卖场陈列方式以及消费者观看的习惯，确定包装的主、次各级展示面，并将核心信息、引导信息和技术规范信息依据各展示面的功能与特点进行合理分布。

通常是核心信息分布在主展示面，而其他信息则分布在次展示面。而即便是同级信息，也会因为营销策略的不同而具有主次关系。（图2-8）

三、包装风格设计概要

销售包装的风格是与商品的行业风尚和品牌个性紧密相关的。包装设计风格所涉及的是包装设计师经常会面对的行业风尚和具体商品或品牌个性的协调问题。

风格，"是指事物呈现出来的个体体系特征……是独有个性的系统化识别特征的整合"①。

（一）行业风尚

行业风尚可以理解为每个行业在一定时期里约定俗成的价值取向和审美习惯。人们对某类型商品通常具有"如何、如何才是好质量

3 品牌信息
企业简称作为品牌名称，但因为是小品牌，所以既要显要，又不必夸张

1 品种信息
品种名称，是希望打造的保健酒品牌名称，所以需要最高对比度，以强化识别力和记忆度

2 主要卖点信息
九味中药的简称，作为品种信息的附属部分

4 次要卖点信息
以专业高校的合作关系，为产品的可信度背书

5 卖点信息背书
九味中药的概要信息，增加说服力

6 技术规范信息
按国家相关法规、标准，必须呈现的信息

因为营销策略的不同，
各类信息的主次关系不同。
在视觉上，
以不同的位置、大小、强弱等对比关系，
来梳理这些信息的主次。

图2-8 商品包装上信息的排序

①梁玖. 美术学 [M]．长沙：湖南美术出版社，2005：223.

图2-9 同类商品的包装通常具有某些共同的行业风尚

的，看起来不错的"和"如何、如何就不是好质量的，看起来糟糕的"判断。如果众多的消费者都对某类型商品形成了相对稳定的某种"好与坏"的判断，那么这种"好"的判断标准，就会成为企业、商家不得不重视的消费导向，就会在一定时期内形成相对稳定的"行业风尚"。

设计师该如何看待行业风尚？设计如大海行船，行业风尚如洋流。高明的船长能在复杂的洋流中找到自己的航向，并借助洋流的力量到达航行的目的地。优秀的设计师也能够敏锐地辨别不同的行业风尚，并善于借助"洋流"的力量，为包装设计获得市场认同增加更多的胜算。顺"行风"之势，我们可以从"甜美香浓、自然绿色"的角度，去设计一款草莓酱的包装。但如果我们非要逆"行风"而行，将草莓酱包装设计成如同感冒药包装般清爽，估计要面对的市场风险会很大。（图2-9）

（二）品牌个性

品牌个性是品牌显著区别于同行业其他品牌的特征。

品牌个性才是今天消费者在同质化商品消费选择时的决定性因素。

对行业风尚的过度遵从，容易导致包装形象缺乏架上竞争力，甚至导致品牌号召力的缺失。

今天市场中的那些消费生力军，尤其是中青年消费者，恐怕很难接受千篇一律甚至东施效颦般的包装形象。因此，努力发掘和设计个性化的包装，才不至于让商品消解在"行风"吹起的大浪之中。

在前期调研和设计实践中，探讨和寻找到行业风尚和品牌个性间的平衡，其实质是探寻和平衡消费群认同的某类商品的"共性基因"和能够在同质化竞争中脱颖而出的"个性卖点"。（图2-10、图2-11）

如何才能设计出既被消费者普遍认同，又能独领风骚的包装呢？一方面，我们需要借"行风"之力，使我们的设计更快更稳地向"浪头"爬升；另一方面，如果要想被更显著地关注，就必须跃出"浪头"，成为最漂亮的"浪花"。

但是，再美丽的"浪花"，如果离"浪头"太远，也要当心从"天上"掉下来。

换句话说，很多时候，我们"既要尊重市场，又要比市场快半步，但不要快一步"。

更多精彩内容

图2-10 包装设计需要体现品牌个性 设计:Wooden Horse

图2-11 好的商品包装风格，需要超越行业风尚，树立品牌个性 曾敏拍摄于Bournemouth的ASDA

第三章
包装容器造型设计

046

导言

包装容器，是包装最本质的功能——保护功能的主要载体。

包装容器设计，从保护功能角度，主要属于包装工程设计的范畴。因其同时对包装外观形象产生影响，因而也是包装设计的重要内容。

在电子商务时代，由于物流包装广泛地直接面对消费者，包装容器的设计也逐渐成为提升消费者体验、塑造品牌形象的重要设计内容。

本章中，我们以塑料、纸张、玻璃等常见材料的包装容器为例，讨论包装容器设计的常识。

第一节　塑料包装设计原理与表现

塑料是对可塑性高分子材料的统称。塑料一般分为热塑性和热固性两大类。前者是成型后还可通过加热、加压再次成型；后者是成型后不能通过加热、加压再次成型。包装容器主要采用热塑性塑料。

塑料包装容器可分为柔性和刚性两大类。柔性塑料包装主要是由塑料薄片或薄膜形成的包装容器，通常也叫软包装，如糖果的塑料袋包装等。刚性塑料包装是刚度、强度及表面硬度较大的，形状较稳定的塑料包装容器，如常见的瓶装洗发水包装等。

一、塑料包装类型与特性

（一）塑料袋

塑料袋包装重量轻、价格低廉、机械性能好，是当代使用最广泛的包装容器。（图3-1）

按材质，塑料袋可分为单层薄膜袋、复合薄膜袋。

按结构，常见塑料袋型有方便临时存取物品的背心袋、直筒袋，有利于较长时间密封保存物品的封口袋和为满足特殊功能或者造型需要的异形袋等。

按透明性，有透明袋、不透明袋、半透明袋和局部透明袋等，分别具有不同的遮光性能和视觉效果。

图3-1 塑料包装袋 曾敏拍摄于Bournemouth

（二）中空包装

小型的中空塑料包装常见的有小口瓶、小口桶等，如矿泉水瓶。

大型中空包装主要指大型的塑料包装桶，如桶装水包装等。

中空塑料包装通常具有质量轻、耐冲击性能好、阻隔性良好的特点，是非常重要的商品包装类型，极为广泛地应用于饮料、调料、油料、日化液体以及化工液体的包装。（图3-2）

（三）广口容器

广口容器如杯、盒、桶、泡罩等形制的包装，多为一次性使用。通常用于各种化妆品、食品、药品等的包装。（图3-3）

图3-2 中空包装　　　　图3-3 广口容器

（四）塑料软管包装

塑料软管包装多采用低密度聚乙烯（LDPE）、聚丙烯（PP）、聚氯乙烯（PVC）和尼龙（PA）、铝箔多层复合材料制成。通常质量轻、韧性好、化学性质稳定，主要用于医药、食品、化妆品、日化膏状体、乳剂或液体的包装。（图3-4）

图3-4 塑料软管包装

（五）箱式包装

箱式包装一般由热塑性塑料如聚丙烯（PP）、高密度聚乙烯（HDPE）加工成型，具有较高强度和刚性的塑料包装箱。通常用于商品的周转，如啤酒周转箱。为了增加强度，通常箱壁会采用加强筋。（图3-5）

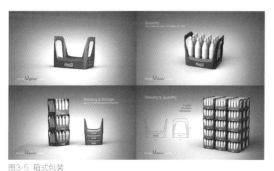

图3-5 箱式包装

（六）盘式包装

盘式包装比箱式包装更小更薄，具有加强筋的塑料包装容器，通常用于储存、运输小型、易被挤压损坏的商品，如用于糕点、鸡蛋的储运等。（图3-6）

图3 6 盘式包装

二、塑料袋包装的常规结构

塑料袋是当代使用最广泛的包装容器。按材质，塑料袋可分为单层薄膜袋、复合薄膜袋。按结构分，常见包装袋的类型有方形袋、自封袋、自立袋（立体袋）、开窗袋等。按热合边的位置，可以分为边封袋、背封袋等。以下列举商品包装设计中常见的塑料袋结构。

（一）边封袋

三边封袋是将平面展开的包材对折，然后将三边对齐进行热合；四边封袋为两片包材对折后，将重合的四边热合使之密封成型。（图3-7）

图3-7 边封袋

（二）背封袋

将一片包材对卷成管状，将对卷重叠部分热合，并作为包装袋的背面；放入产品后，再将袋子两端热合封闭。因其背部中间有贯穿的热合边，故此种袋型又被称为"背封袋"。（图3-8）

图3-8 背封袋

（三）立体袋

包装袋的面数多于2个，并且包装袋可以立起来陈列的袋型。通常在"边封袋"的底端，单独热合一片包材，使袋子的底部形成一个较宽的面，从而袋子可以依靠自己的造型立起来，故此种袋型被称"自立袋"或"立体袋"。此外常见的还有四边立体的袋型。（图3-9）

图3-9 立体袋

（四）开窗袋

在表面设计有不被色彩和图形遮挡的，透明或镂空的部分，以直观展示袋内商品的包装袋。全部或局部透明的包装袋，被称"透明袋"。透明的局部称为"透明窗"。（图3-10）

图3-10 开窗袋

三、塑料包装的加工

（一）塑料袋包装的加工

在工业生产上，塑料袋一般采用吹膜技术加工成型，之后进入印刷工序。

塑料袋包装印刷加工的工序一般为：分色制版—印刷—裱膜—制袋。塑料印刷可采用丝网版、柔版和凹版进行印刷，通常为专色凹版印刷，也有采用四色印刷的方式。

印刷生产线中通常采用红外线烘干装置，在不同套色的印刷流程之间将前一套色油墨烘干。此过程因温度变化会令塑料袋产生不同程度的变形。

在印刷工艺上主要分为里印和表印。里印指在包装袋内侧进行图文信息的印刷，印刷后再裱覆一层薄膜以防止内装商品与油墨层相互接触磨损。表印指在包装袋的外侧进行印刷，通常印刷后不再裱膜。

在不透明的白色塑料膜上，可直接进行印刷。在透明袋上印刷通常需要对印刷范围预先进行"打底"，即采用白色油墨先行印刷，以使印刷油墨的颜色不受包装袋内商品的影响，使其色彩还原性更好。

塑料袋印刷完成后，会被设备自动连续收卷起来，以备后面商品的自动包装线进行灌装。也有印刷完毕后，用机器预先切制成独立袋子并将其他各边进行封闭，只留下一个灌装商品的开口，待商品装入后再完全密封的。

（二）塑料瓶包装的加工

塑料瓶的成型，主要有注塑和吹塑两种成型方式。

注塑成型是将颗粒状原料热熔成流体，经喷嘴注入模具内，施以一定压力并使之冷却后，从模具中脱出的塑料瓶成型工艺。

吹塑成型分挤出吹塑成型和注塑吹塑成型两种工艺。前者使用挤出机先挤出管状坯，后者先使用注塑机制成管状坯。之后，将管状坯放入吹模模具，引入压缩空气将管状坯吹胀达到模腔的形状，经压缩空气的压力使之冷却，然后脱模。

塑料瓶的主要材质有PET、PE、PVC、PP等，塑料瓶盖一般是注塑成型，瓶身是吹塑成型。市场上的饮料瓶大多是PET吹塑瓶。

塑料瓶的承印表面不是平面，所以通常采用曲面丝网印刷或转移印刷。

四、塑料包装容器的设计

（一）塑料袋包装的设计

完全透明的塑料袋或者局部"开窗"的塑料袋，在设计时需要考虑内容物参与整体包装展示的效果。在设计透明塑料袋的效果图时，可使用保鲜袋装入等量产品，拍摄后缩放至1∶1比例，放置在设计稿相应位置或"透明窗"中，以观察整体的设计效果。在展开图设计中，透明范围一般使用20%灰色填充来表示。（图3-11）

由于塑料几乎没有吸墨性，所以不宜对不同色彩进行实地大面积叠印。在塑料薄膜的各套色印刷工序之间，依靠红外线烘干工艺进行油墨干燥处理。在此过程中塑料薄膜受机械力

图3-11 塑料开窗袋设计稿与效果图 设计：许节 曾敏

和温差变化影响，较易产生形变，从而导致套色难度增加，所以对塑料袋包装进行设计时，宜采用专色嵌印，不宜有过于细小的图文叠印。

由于塑料袋包装成品在外观上，常常因为内容物的不规则而形成复杂的塌陷和皱褶，因此在设计时不宜使用图文信息过于细小繁杂的形式，否则会使包装成品效果变得琐碎。（图3-12）

上，需考虑：塑料原料在加工过程中的流动性、收缩性，壁厚设计均匀，使用方便，易于开模、脱模。塑料瓶造型设计的表现，采用效果图、三视图和模型打样等方式进行。

塑料瓶的印刷设计，除考虑上述因素外，重点应考虑：在曲面、柱面或球面的塑料包装容器上，测算出最佳的主展示面范围，以进行重要图文信息与形象的展示。（图3-13）

图3-12 重要图文信息不宜设计在塑料袋的热合边里面或者附近

蓝色虚线之间，通常为热合边范围，由于热合边容易起皱，也是机刀裁切之处，因此不宜将重要图文内容设计于此范围内。

图3-13 确定塑料瓶瓶身贴的主展示范围的方法

注意边封袋、背封袋、立体袋等塑料袋的不同结构，重要的图文信息不要设计在热合边附近。一般成品塑料袋的热合边宽度在8mm~12mm之间。

塑料袋通常使用6~8色凹印机印刷。因此在设计时，尽可能将套色数控制在印刷线的最大印版数量内，以提高生产效率、提高印刷质量及合理控制印刷成本。

（二）塑料瓶包装的设计

塑料瓶的造型设计，从材料及工艺特点

对采用热缩膜作为瓶身贴的设计，可以采用纸张对瓶身进行合围的方法，用笔在纸上标注好最佳展示面积的轮廓线和热缩膜的热合线，之后打开纸张得到瓶贴设计用的展开图尺寸和最佳主展示面轮廓。

第二节
纸质包装容器设计原理与表现

一、纸包装容器概说

纸，纸张的简称，是以植物纤维为主要原材料，经过化学或者机械方式加工成纸浆，对其进行紧压、干燥后制成的薄页。

克重，是衡量纸张质量的重要单位，指一张纸每平方米面积的质量。通常在250克以下的称之为纸，250克以上的称为卡纸，300克以上的称为纸板。

开度，是衡量纸张尺寸的重要参数。工业生产上的包装用纸，通常有卷筒纸和平版纸两大类。卷筒纸宽度尺寸有1575 mm、1092 mm、880 mm、787 mm四种规格，多用于高速轮转印刷机。印刷业最常用的还是平版纸，有习惯上被称为正度全开的787 mm×1092 mm、大度全开的850 mm×1168 mm等开度。目前习惯上称的"正度""大度"纸张尺寸在我国市场上仍然有广泛的应用。此外，也有与国际标准接轨的880 mm×1230 mm、900 mm×1280 mm、1000 mm×1400 mm等开度。

纸质包装容器，指采用纸、纸板或者纸浆为主要原材料制造的包装容器。纸质包装在各类材质的商品包装总量中约占40%，且种类繁多。近年来，由于绿色包装逐渐成为社会对包装业的主流期望，纸质包装因其材质的环保特性而得到了更加广泛的关注与应用。

纸质包装能有效地保护产品。用纸板制成的包装容器，有一定的强度和弹性，而用瓦楞纸板制成的纸箱，其弹性明显优于用其他包装材料制成的包装容器。

纸质包装成本低廉，原料来源丰富，宜用于各种方式生产。制作纸容器，可用手工，也适于机械化大规模生产，且生产效率很高。

纸质包装的印刷性能优良。纸及纸板由纤维交织而成，易于吸收油墨和涂料，所印刷的图案、文字清晰、牢固。

纸张易与塑料薄膜等制成复合包装纸，也可加入各种填料制成特种纸或纸板，使其具有更加优良的性能。

纸质包装的结构变化多。纸容器不仅能设计出各种不同的形式，如圆形、方形等，还能进行盒内衬隔、摇盖延伸、压曲线、开窗等设计。

纸质包装容器通常可以折叠，以节约储运空间、降低流通能耗与成本。纸质包装可以回收利用，可以作为原料再生产，可以较容易地被自然环境降解，具有很好的环保优势。

纸质包装容器的不足，主要表现为易吸潮、强度和刚度不尽理想等。（图3-14）

图3-14 纸张包装及纸质包装

二、包装用纸类型与特性

常见的纸质包装容器，按原材料的不同可以分为纸浆包装、纸张包装、卡纸包装、纸板包装、瓦楞纸板包装、复合纸包装等。纸质依据造纸时的纸浆不同，分为原浆纸、再生纸和复合纸等。纸浆包装通常是将纸浆注入预设的包装模具，从而形成特定造型的包装容器。（图3-15）

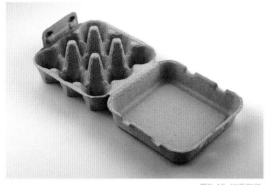

图3-15 纸浆包装

除按克重将纸张分为薄纸、厚纸、卡纸、纸板等类型外，包装材料中常见将两层或多层纸张粘贴起来，形成具有一定硬度和挺度的纸板。（图3-16）

图3-16 纸板包装

瓦楞纸是一个多层的黏合体，它最少由一层波浪形纸构成内芯，外侧单面或者双面粘合纸张构成。外侧粘合纸板则称为瓦楞纸板。瓦楞纸相对于同质同量的普通纸张和实心纸板，具有更高的机械强度，能在贮运过程中更好地保护商品。（图3-17）

图3-17 瓦楞纸包装

在造纸纸浆加工中或者在纸张生产后的再加工过程中，溶入或者复合进去其他材料，这样的纸张称为复合纸。如在纸浆中加入以增强纸张强度或艺术效果的各种纤维，或将纸张和塑料薄膜复合在一起形成纸塑材料等。

图3-18 纸袋包装

包装设计时，主要从包装容器的造型进行分类，主要有纸袋、纸盒、纸箱等。

纸袋，是以纸张为主要材料，制成的一端开口，可以折叠的挠性包装容器。（图3-18）

纸盒，是以纸张制成的，容量较小，由盖、底相合而成的，且具有一定刚性的包装容器。

纸箱，是以纸为原材料制成的，有较好刚性的、较大的包装容器。通常为立方体。

纸盒和纸箱是最为典型、为数最多的纸质包装类型，这也是本书在纸质包装设计方面重点讨论的内容。

三、纸质包装容器的常见结构

（一）纸盒包装结构

在工业生产中，根据成型后是否可以折叠，把纸盒分为固定纸盒和折叠纸盒。

固定纸盒是使用贴面材料将基材纸板粘合裱贴而成，故又称为"粘贴纸盒"，它一经成型则盒体各面固定而不能折叠。（图3-19）

折叠纸盒在不包装内容物时，可以折叠起来以节约空间，是应用范围最广、造型变化最多的一种纸类销售包装容器。（图3-20）

图3-20 折叠纸盒

图3-19 粘贴纸盒

图3-21 管式纸盒

纸盒的成型工艺一般是将纸板裁切、折痕、压线后弯折成型或装订、粘接、裱糊成型。

根据不同材料，纸盒可以分瓦楞纸盒、白板纸盒、箱板纸盒等。

根据不同形状，纸盒可以分为方形纸盒、圆形纸盒、多边形纸盒、异形纸盒等。按照包装开启面与其他面的比例关系，开启面最小的，称为管式纸盒（图3-21）；开启面最大的，称为盘式纸盒（图3-22）。

常见纸盒的结构方式还有：

摇盖纸盒，指盒盖的后身与盒体结合在一起的纸盒。（图3-23）

扣盖纸盒，指盒盖和盒身分别用两片纸板制作而成的纸盒。（图3-24）

手提式纸盒，指盒体上部有提手的纸盒。（图3-25）

抽屉式纸盒，类似抽屉的固定结构的纸盒。（图3-26）

图3-24 扣盖纸盒

图3-22 盘式纸盒

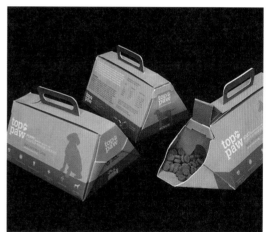

图3-25 手提式纸盒

图3-23 摇盖纸盒

图3-26 抽屉式纸盒

（二）纸箱包装结构

纸箱按其结构大体上可分为以下三大类：

1.开槽型纸箱

开槽型纸箱是运输包装中最基本的一种箱型，也是目前使用最广泛的一种纸箱。它是由一片或几片经过加工的瓦楞纸板或者普通纸板通过钉合或粘合的方法结合而成的纸箱。它的底部及顶部折片（上、下摇盖）构成箱底和箱盖。此类纸箱在运输、储存时，可折叠平放，具有体积小、使用方便、密封防尘、内外整洁等优点。（图3-27）

图3-27 开槽型纸箱

2.套合型纸箱

套合型纸箱由一片或几片经过加工的瓦楞纸板所组成，其特点是箱体和箱盖是分开的，使用时进行套合。此类纸箱的优点是装箱、封箱方便，商品装入后不易脱落，纸箱的整体强度比开槽型纸箱高。缺点是套合成型后体积大，运输、储存不方便。（图3-28）

图3-28 套合型纸箱

3.折叠型纸箱

折叠型纸箱也称为异型类纸箱，通常由一片瓦楞纸板组成，通过折叠形成纸箱的底、侧面、箱盖，不用钉合和粘合。（图3-29）

四、纸质包装容器的加工

折叠纸盒的加工以机器生产为主，具有效率高、质量稳定、适合批量加工的特点，其加工工艺一般较为先进。折叠纸盒一般采用平纸板或者彩面瓦楞纸板为材料，经过"开切备料—印刷—覆面加工—模切—剥离落料—制盒—入库"等工序制成。瓦楞纸板的加工，在开切备料前，还需要"轧瓦—裱里"的前工序。

在上述工序中，印刷和模切是影响纸盒包装美观和精确成型的关键环节。

固定纸盒（粘贴制盒）的制造工艺在相当程度上还依赖于手工。流程主要为：盒板切断—开角—盒角补强—裱贴成盒。

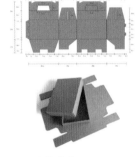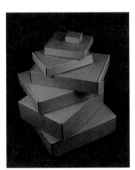

图3-29 折叠型纸箱

瓦楞纸箱的制造，相比塑料、玻璃、金属和木质包装箱的生产要简单很多。工序包括：切压痕—开槽—切角—冲口—模切—印刷—接合。

五、纸质包装容器的设计

（一）折叠纸盒的结构设计

折叠纸盒的设计图纸，一般由效果图和平面展开图组成。（图3-30）

效果图模拟包装的成品效果，主要用于提案讨论。

平面展开图主要用于包装的印刷，通常包括平面总图（含出血尺寸）、拆色稿（标准的四色印刷不需要制作拆色稿）、钢刀版等内容。

折叠纸盒的尺寸，要综合考虑设计效果和印刷拼版的需要。

折叠纸盒一般采用纸张或者卡纸加工成型，以胶印或者凹印为主要印刷方式，可以对丰富的色彩层次和精细图文进行表现。

（二）固定纸盒的结构设计

固定纸盒的设计图纸，一般由效果图和平面展开图组成。效果图模拟包装的成品效果，主要用于提案讨论。平面展开图主要用于包装的印刷，通常包括平面总图（含出血尺寸）、拆色稿（标准的四色印刷不需要制作拆色稿）、钢刀版等内容。

固定纸盒的尺寸设计，主要考虑设计需要，一般不用特别考虑印刷拼版问题。

固定纸盒一般采用纸板作为内衬，裱糊纸张后加工成型。表面的纸张一般预先印刷好图文内容，再裱糊在纸板上加工成盒型。因此，该纸张上的图文设计不宜出现需要精确吻合包装展示面的轮廓线、装饰线，也不宜在靠近展示面边缘进行重要文字的排列。

（三）瓦楞纸板包装容器设计

瓦楞纸板是利用再生纸张加工生产而成，具有良好的抗压、抗震等功能，是当代包装工业的主要材料之一。

根据楞型的不同，瓦楞纸板可分为蜂窝纸板、重型瓦楞纸板、"3A"型特种瓦楞纸板、增强夹心瓦楞纸板（瓦中瓦）、微型瓦楞纸板（又称超细瓦楞纸板）。通常楞型较高较宽的瓦楞纸板，其边抗压性能较强，适合用于制造较大的纸箱；楞型越细小的纸板，其平压强度越好，多用于做小型纸箱甚至纸盒。设计时，应根据不同瓦楞纸板的特性制造不同重量、类型和等级的包装。

瓦楞纸箱通常用于商品的外包装或运输包装，因此其设计需要考虑的基本因素有：能否

图3-30
折叠纸盒设计方案的展开图、效果图 设计：曾敏

纸盒效果图设计　　　　　　纸盒展开图设计

有效保护商品；适合商品的包装线生产，方便装箱；能否适应机械化包装；适合销售需要，方便搬运、堆码和展示；成本是否合理，包括原材料成本经济性、内部排列结构合理；是否适合集装运输；箱表的图、文以及标志设计是否符合相关规范要求，且识别度好；注意纸板厚度与包装外观尺寸和内空尺寸的关系。

近年来，超细瓦楞纸板由于其具有足够的刚性，能有效保护商品，同时能承载精美的印刷，因此既适用于运输包装，又适用于销售包装。而在B2C的电子商务模式下，传统的运输包装正在从商品流通中的储运环节这一"后台"，走向零售终端直面消费者的"前台"。超细瓦楞纸板在现代电子商务背景下，对整合运输包装和销售包装具有非常重要的意义，有着非常广阔的发展空间。

瓦楞纸箱的设计图纸，一般由效果图和平面展开图组成。效果图模拟包装的成品效果，主要用于提案讨论。平面展开图主要用于包装的印刷，通常包括平面总图（含出血尺寸）、拆色稿（标准的四色印刷不需要制作拆色稿）、钢刀版等内容。（图3-31）

用于运输包装的瓦楞纸板，一般采用精度较低的柔版印刷，设计稿不宜有精细的网点要求。柔版印刷的油墨有一定透明性，加之瓦楞纸板对油墨吸收性强，油墨印刷在瓦楞纸板上与纸板的固有颜色重叠混合后，才呈现为印刷成品色。这些是设计师进行瓦楞纸板材质的包装设计时需要考虑的因素。

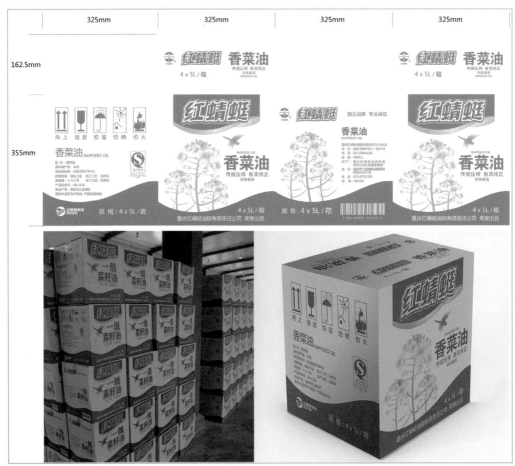

图3-31 瓦楞纸箱设计方案的展开图、效果图与成品效果 设计：曾敏 幸鑫

第三节　玻璃包装容器造型设计原理与表现

一、玻璃包装概说

玻璃是已知最古老的人造材料之一。在远古时代，人们便接触到由火山喷出的酸性岩凝固而成的天然玻璃。约5000年前，美索不达米亚地区的人们已掌握了玻璃制造技术。到了公元前1580年，古埃及已拥有相当发达的玻璃手工业，能制造出各种透明和半透明的玻璃器皿和装饰用的珠子。在中国考古发现，在3000多年前的西周已具有玻璃制造技术，唐宋时期已有使用吹管吹制的中空玻璃容器。（图3-32）

图3-32 古老的玻璃容器

公元12世纪，出现了作为工业材料的商品玻璃。到公元17~18世纪，由于蒸汽机的发明，化工工业发明了用食盐制造纯碱的技术，很大程度上促进了玻璃工业的发展。1915年，滴料供料机的发明，使玻璃包装工业进入了一个迅猛发展的时期。随着玻璃生产的工业化和规模化，玻璃已成为今天日常生活、生产和科技领域的重要材料。（图3-33）

图3-33 现代的玻璃容器

二、玻璃的材质、类型与特性

按照成分，玻璃可以分为钠玻璃、铅玻璃和硼矽玻璃。根据玻璃的特性和用途，可以分为容器玻璃、建筑玻璃、光学玻璃、泡沫玻璃、真空玻璃、特种玻璃等。

玻璃，这一古老的、至今仍被广泛用作包装容器的主要材料，具有显著的优点和缺点。优点是保护性、阻隔性良好；化学性能稳定、无毒无味、耐腐蚀；透明美观；加工性良好；耐热耐压耐清洗、耐高温杀菌、耐低温贮藏；环保性良好，可回收再用；原料资源丰富、生产使用成本低。缺点是耐冲击性能差，重量容积比大，导致作为包装容器的运输成本高。此外玻璃容器生产的能耗也较高。

玻璃材质的运输包装，主要是贮运强腐蚀类液体，以及用于包装化工类产品及其粉剂原料。玻璃材质的销售包装，主要是玻璃瓶、玻璃罐，用于装存酒、饮料、食品、药品、化妆品等。（图3-34）

图3-34 广为应用的玻璃包装

三、玻璃包装容器的常规结构

大多数玻璃瓶罐容器，一般包括瓶口、瓶颈、瓶肩、瓶身、瓶根、瓶底6个主要结构。

采用模具制作的玻璃瓶罐，在其口沿、底部和瓶身都会产生由于模具分型留下的结合缝痕迹，称为模具合缝线。模具使用时间越长，缝合线会愈发明显。（图3-35）

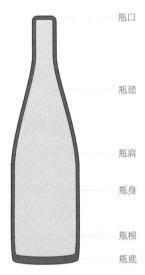

瓶口

瓶颈

瓶肩

瓶身

瓶根

瓶底

图3-35 玻璃容器的主要结构

四、玻璃包装容器的加工

（一）成型加工

玻璃包装容器的成型加工，是指将熔融的玻璃料液或经过加热软化的玻璃板材，加工成具有特定尺寸与形状的容器的过程。

玻璃容器的成型工艺，有人工成型和机械成型两大类。人工成型主要凭借熟练的人工技术将加热的玻璃液料或玻璃板制作成玻璃容器，多用于高级艺术玻璃制品的加工。机械成型是借助机械和成型模具，通过人工或自动控制来进行批量化制作，是现代工业化生产玻璃容器的主要方式。机械成型加工玻璃包装容器的方式，主要有四种：

1.压制成型

使用凹模和凸模配合，压制玻璃料液制成容器。先将玻璃料液注入凹模中，再使用机械压力将凸模压进去，从而压制成玻璃容器。该工艺制品形状精确，适合制作广口玻璃容器。

2.压—吹成型

先利用压制成型方式，制出玻璃容器的雏形，再使用成型模通过吹制工艺成型。

3.吹—吹成型

先通过模具和机械，吹制出容器雏形，之后将整体初胚通过翻转机械整体翻转180度，再使用成型模具和机械将容器最终吹制成型。该工艺适合制作小口径玻璃瓶。

4.拉制成型

使用玻璃管为胚料，通过机械拉制成玻璃容器的工艺。适合制作口服液瓶一类的管式容器。

（二）玻璃容器的整饰加工

玻璃容器表面的整饰加工，主要指在玻璃表面进行印刷、抛光、研磨、喷砂、雕刻、腐蚀、彩饰以及切割打孔等加工方式。

玻璃印刷，使用丝网印版和玻璃釉料（玻

璃油墨），在玻璃表面印刷各色图文信息形象，或者使用玻璃釉料通过丝网版，先将图文信息印制在贴花纸上，再将印好的贴花纸粘贴在容器表面预定的位置上。之后将印刷后或粘贴了印花纸后的玻璃容器放回烧制炉用520℃~600℃高温烧制，使釉料固化在容器表面。

五、玻璃包装容器的造型设计

玻璃包装容器造型设计流程的主要环节包括：草图—三视图—效果图—模型打样。

（一）草图

草图主要是依据设计定位，对玻璃包装容器进行整体造型的概念设计，重点在于通过设计草图进行多种可能性的方案探讨，以期尽快找到可以深入设计的方向。（图3-36）

（二）三视图

三视图是在草图初步确定后，对容器的容量进行计算，按照实际尺度深入设计容器的顶、前、侧等不同视角的立面图，若有必要还应进行该三个角度的剖面图设计。这个阶段应

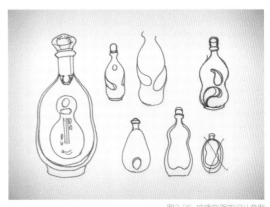

图3-36 玻璃容器的设计草图

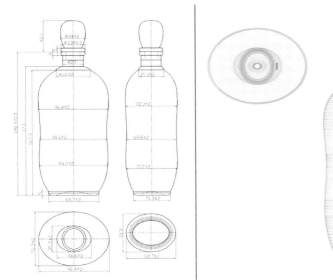

图3-37 玻璃容器的设计二视图

该仔细推敲容器的整体造型及各部位之间的造型关系，使造型符合预期，尺寸尽量精确。

三视图的绘制主要采用线描方式进行，通常在效果图或模型打样后，还要做进一步修正。（图3-37）

（三）效果图

根据三视图及剖面图，按照设计需要的材质，使用手绘或者计算机辅助设计的方式进行容器的效果图绘制。效果图可以较为直观地反映三视图的立体效果和材质效果。需要注意的是，效果图并非越"炫"越好。好的效果图应

复杂的容器，可以先使用善于曲面建模的3D软件Rhino（犀牛）进行建模，再导入3ds Max中进行后面的材质、灯光、摄影渲染等工序。材质的渲染，可以在3ds Max中进行，也可以在KeyShot中进行。

（四）模型打样

玻璃容器造型的模型打样，主要有手工制作模型和开模打样两种方式。

手工制作模型，是依据三视图的数据采用石膏、油泥或者木料等进行1:1模型的制作。（图3-39）

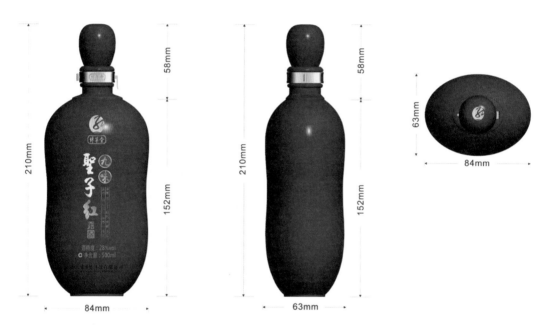

图3-38 玻璃容器的设计效果图 设计：曾敏

尽可能接近成品的真实效果。（图3-38）

玻璃包装容器的手绘效果图，可以采用单线平涂方式、水粉画方式或者马克笔进行表现。手绘效果图对设计师的造型技巧要求较高。计算机辅助设计，对于较为简洁和有规律的玻璃容器可以采用3ds Max进行建模、设计材质与贴图、设置摄像机、设置灯光和进行渲染。对于较为复杂的曲面体或者工艺造型较为

开模打样，是玻璃容器的生产厂根据三视图和效果图，借助计算机辅助设计手段，依据合理的玻璃容器加工方法制作出模具，再使用该模具进行1:1的玻璃容器加工。（图3-40）

玻璃包装的平面信息设计，可以采用平面展开图配合效果图的方式进行。展开图应以1:1比例分解为三视图，其中的图文信息和色彩设计应按印前正稿要求制作。

图3-39 玻璃容器的手工石膏打样 设计：李祥 指导教师：曾敏

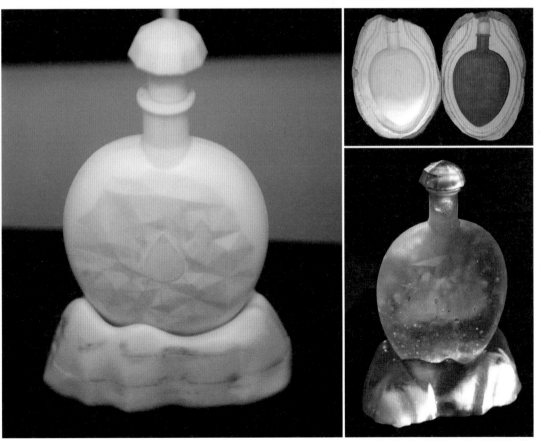

图3-40 玻璃容器的电脑开模打样 设计：李祥 指导教师：曾敏

第四章
包装设计与印刷

068

导言

包装印刷，是指将设计原稿印刷于包装材料表面的过程。

包装印刷设计，是按印刷生产相关技术要求，对包装设计方案进行技术处理，使其成为合格的印刷原稿的过程。

包装印刷设计，也是设计师将印刷工艺的效果作为设计语言，在包装设计中进行应用的过程。

作为包装设计师，熟悉印刷工艺，不但是确保设计方案能够顺利进行印刷的前提，而且是设计中重要的设计语汇的来源之一，还是设计创新的重要源泉之一。

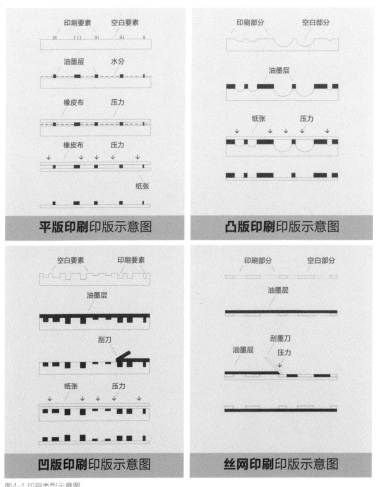

图4-1 印刷类型示意图

第一节 印刷常规类型与流程

更多精彩内容

印刷的分类，按印版的不同，分为平版印刷、凸版印刷、凹版印刷、丝网印刷。（图4-1）

按印版与承印物的接触关系，又可分为直接印刷和间接印刷。

上述印刷类型中平版印刷是先将印版上的油墨转印到橡皮布，再通过橡皮布转印到承印物上的间接印刷方式。其余类型均为直接印刷方式。依据印刷的流程，印刷通常分为印前工序、印刷工序、印后工序三个环节。

印前工序，指印刷前的准备工序，主要包括：原稿印前文件制作、拼版、菲林输出、制版等工序。

印刷工序，指通过印刷机将内容印刷到承印物上的过程。其主要内容包括：承印材料准备（如纸张的毛切、精切），印刷设备调试（如印刷套印位置校准、印刷墨色校准、印刷压力调试），印刷，收纸，干燥等工序。

印后工序，指印品在印刷机上完成印刷后，进行的后期效果整饰和成型加工的过程。包装的印后加工工艺，可以说是各类印刷种类里面最为多样和复杂的。例如，在效果整饰方面，常见的有烫电化铝、ＵＶ、击凹凸、裱膜等；在成型加工方面，常见的有采瓦、打孔、钢刀、粘胶等。

限于篇幅，本书对基本印刷类型的原理、特点及其对包装设计的影响只做简要介绍。读者朋友可借助印刷专业书籍及网络，更主要的是通过印刷实践来进行深入学习与研究。印刷工序中常常蕴藏着独具特色的包装设计语言，我们需要对此多加学习和研究，以便在设计时能够熟练、创造性地加以运用。

第二节 四色印刷与专色印刷

一、四色印刷

四色印刷，是运用混合原理，将三原色（青、品红、黄）及黑色的油墨网点，各自按一定比例进行重叠或空间并列的混合，以印刷出具有丰富色彩层次的印刷品。四色印刷中的青、品红、黄三原色及黑色油墨，分别表示为C、M、Y、K。业内也常将四色印刷描述为：CMYK四色油墨在印刷机上进行网点混合形成不同色彩的印刷方式。

使用计算机辅助包装设计时，需要将设计稿的色彩模式设定为CMYK模式，这是为了在RGB模式的屏幕下显示模拟印刷色彩效果，并且CMYK模式下的四个色彩通道分别对应了油墨的CMYK四色，在印刷时能更好地还原设计稿的色彩。

包装上适合采用四色印刷的印品，常见的有：彩色照片、色彩种类及渐变层次丰富的纸质包装袋、包装盒、标贴以及说明书等；色彩同样丰富的金属包装盒、罐等。

设计师应常备并能熟练使用CMYK四色色表（图4-2）。四色印刷的设计正稿，通常只要确保色彩模式是CMYK，就不需要设计师进行拆色。（图4-3）

二、专色印刷

专色印刷是指采用青、品红、黄和黑这四个基本色彩以外的其他色油墨来复制原稿颜色的印刷工艺。业内也常将专色印刷描述为：先按需要的色彩混合好油墨，再在印刷机上进行印刷的方式。

专色印刷工艺印刷大面积底色时，会比四色网点混合印刷的大面积底色更为均匀平实。因此在包装产品或是书刊的封面印刷中常有使用。

与四色印刷比较，专色印刷具有色彩表现更准确、覆盖力更强和色域更宽的特点。专

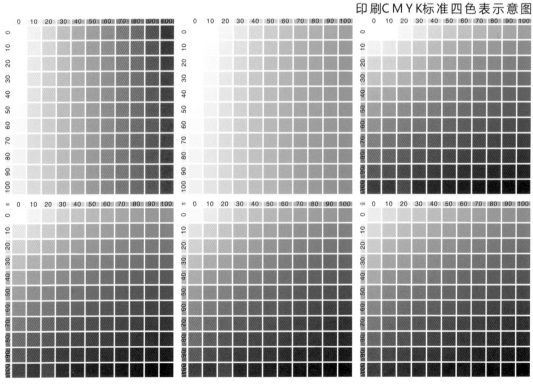

印刷ＣＭＹＫ标准四色表示意图

图4-2 四色印刷色表

图4-3 四色印刷印前设计稿

色使用预先调校好的油墨进行印刷，能够更好地还原印刷色彩，从而在很大程度上解决颜色传递准确性的问题。例如，使用PANTONE色表，每一款色表编号都准确对应了一款PANTONE公司的专色油墨（图4-4）。专色印刷油墨用量比四色印刷更大，具有更强的覆盖性，因而专色更适合大面积印刷。给专色加网称为"专色挂网"，可以形成网纹清晰的单色均匀渐变。专色可表现的色域很宽，超过了CMYK甚至RGB的表现色域。所以，在设计软件的PANTONE色系中，有很大一部分颜色是用CMYK四色印刷油墨无法呈现的。

图4-4 专色印刷色表

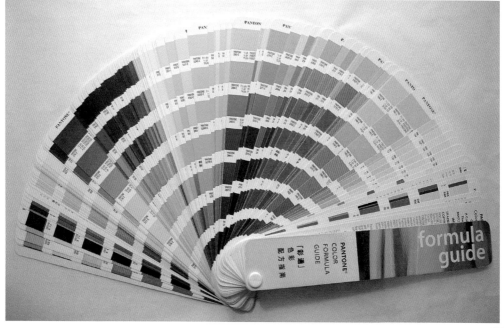

有专色的包装设计正稿，通常需要设计师进行专色拆色，以确保制版、印刷环节对专色进行正确的理解和印刷。如果对不同专色之间的套位有很精密的要求，还需要在拆色时进行专色的陷印处理，以防止套色的边缘出现底色。（图4-5）

关于四色与专色印刷的成本选择，一般地讲，专色适合四套颜色以下的印刷，如果呈现四套颜色甚至更丰富的色彩效果，则需要选择四色印刷。这是因为，四色印刷需要制四块印版，印刷工人也需要对四个印版的印刷进行操作和管理。如果四色以下，则可以使用专色版印刷，在印版、机器损耗和人工等方面都可以节约成本。但对于特殊工艺要求，则不在此限制范围。例如，塑料印刷的八色印刷机，或者为了追求特别的设计效果而将四色印刷和专色印刷结合起来。

图4-5 专色印刷印前拆色稿

第三节 包装的印刷设计

包装的印刷设计，是指按照印刷工艺要求，对设计原稿进行印前电子文件制作的过程，也称印刷正稿制作。印刷正稿的制作，是设计原稿环节转入批量化印刷生产环节的关键步骤。正稿制作质量的高低，直接影响到原稿在批量印刷中的还原效果。

包装设计中的印刷正稿制作，其关键内容在于：一是确保图文信息和尺寸正确无误；二是确保其符合印刷及制版工艺要求。正稿制作的主要工作内容有四个方面：展开图、拆色版、钢刀版、工艺说明。

巧妙地进行印刷设计，可以充分利用印刷材质与工艺的特点，来达成包装设计需要的成品效果，同时规避印刷工艺与材质的不足。下面我们以三种常见的包装材质为例，对其印刷设计的特点与技巧进行探讨。（图4-6）

一、纸质容器的印刷设计

包装印刷上使用的纸张类型是远远超出其他行业的，并且对纸张进行的印刷、印后工艺的处理也是最为复杂多样的。

包装印刷用纸类型丰富，纸类包装对印刷具有广泛的适应性，几乎所有的印刷方式都可应用在纸类包装上。常用于包装印刷的有牛皮纸、铜版纸、胶版纸、商标纸、瓦楞纸、纸袋纸、玻璃纸、白卡纸、白纸板、复合纸、印刷纸、细瓦楞、黄纸板、箱纸板、不干胶纸、玻璃卡纸、铝箔衬纸、瓦楞纸板等。设计师应该根据不同纸材的特性，选择不同的印刷方式，以满足包装设计、印刷和使用的需要。（图4-7）

纸类包材的印后加工，分为表面整饰和成型加工两大类。在表面整饰上，主要有烫印、击凸、UV、上光、覆膜等。在成型加工上，主要有折痕、裁切、模切、上胶、装订等。设计师应将这些工艺作为设计语言熟练运用，进行创新性设计。（图4-8、图4-9）

另外，在包装印刷和印后加工设计时，要考虑纸材的纤维和纹理走向，通常将纸张的长纤维方向和长纹理方向应用在包装的立面直立方向，以加强包装的直立性和强度。印刷加工时，通常也需要保持一批印刷品的纹理、纤维方向一致，使印刷过程中纸张的机械形变一致，以确保包装印刷的精度。

图4-6 纸盒包装设计 设计：曾敏

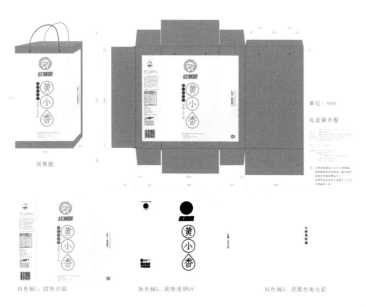

拆色稿1：四色印刷　　　　拆色稿2：局部透明UV　　　　拆色稿3：烫黑色电化铝

设计注意事项：总体上，纸类包装采用胶印较多。

胶印印版网纹精细，油墨质轻透明，可以多次套印。因此胶印擅长表现有丰富色彩层次的图像，如摄影图片、精美绘画等。（图4-10）

由于胶印技术自身的局限，其印刷大面积实的色块时，容易"花版"或出现"鬼影"，因此不适合大面积专色或单一色调印刷。要改善此情况，设计师可以适当丰富画面，如增加噪点、网线或渐变效果，以干扰视觉使之弱化对印刷不均匀现象的感受。

图4-7 多种印刷方式在纸包装上的应用 设计：曾敏

丝印专红

产品手册·四色胶印

烫红色电化铝

烫黑色电化铝

丝印专黑UV

由于是四色网点套印，设计时应避免细小的反白文字或线条出现在四色底上。同样，也不要用细小的正文文字或者线条以四色印刷的方式出现在白底上。

在瓦楞包装纸箱的印刷上，大多采用柔版印刷。在欧美发达国家，柔版印刷的精美程度已经可以与胶印媲美。但目前我国大部分柔版精度较低，网点较粗，不适用于精美图文印刷。另外瓦楞纸箱材质对油墨具有较强的吸收性，因此设计时需要加大对图像的色彩饱和度和明度的反差。（图4-11）

图4-8 印后整饰加工工艺应用：野（印金加磨砂UV）,岭（烫金），茶（烫黑）设计：曾敏

图4-9 印后成型加工工艺应用

图4-10 胶印包装 曾敏拍摄于Bournemouth

图4-11 柔版印刷的纸箱

二、塑料容器的印刷设计

塑料是以合成或天然的高分子材料为基本成分，加入特定辅料，通过一定的加工过程成型后，能在常温下保持性状及形态稳定的可塑性材料。20世纪60年代以后，塑料逐渐作为包装材料被广泛应用。现今不少国家的塑料包材在各类包装材料中的总比重已经仅次于纸类包装。

塑料包装制品的主要类型有：塑料编织袋、塑料周转箱、塑料打包绳带、塑料泡沫、塑料包装薄膜、塑料中空容器等。其中塑料包装薄膜和塑料中空容器常用于商品的销售包装。

（一）塑料薄膜的印刷设计

"丝"是度量塑料薄膜厚度的常用单位，1毫米等于100丝。塑料薄膜一般指20丝厚度以下的平面状塑料制品，0.2 mm～0.7 mm厚度的称为片材，厚度大于0.7 mm的称为板材。

塑料薄膜有单纯由塑料制成的薄膜，也有将其他材料与塑料合成的复合膜，例如，铝箔袋、镀铝袋、纸塑袋等；也有将铝箔、纸张和塑料进行复合的，如汇源包装用于长期保存橙汁（图4-13）。普通塑料袋多为透明或半透明，复合袋多为不透明并呈现复合材料的质感。还有一种珠光膜，在薄膜中复合了特殊的微粒而在表面呈现珍珠样的光泽。了解常见塑料薄膜的质感和视觉特性，有助于设计师对包装材料的语言加以利用。

塑料薄膜的印前处理，一般要进行电晕或者等离子处理，并消除静电，以改善其印刷适应性，使其更易于被油墨附着和更利于印刷。

塑料薄膜印刷，根据印品大小、质量与数量的要求和成本预算等情况，可灵活采用平、凸、丝、凹、柔等不同工艺。目前业内主要采用凹版印刷来印制塑料薄膜包装。但塑料凹版印刷与纸张的凹版印刷有所不同，例如，在透明塑料薄膜上，通常采用"里印"工艺进行印刷，是从包装承印物的内侧进行印刷，其印

图4-12 凹版印刷的塑料包装，需要注意专色套色数的控制 设计：许节 曾敏

版图像和套色顺序与纸张凹印相反。里印工艺使包装的外侧看起来颜色亮丽，且不会磨损油墨。通常里印工序完成后，会再在薄膜内侧复合一层薄膜，使油墨夹在两层薄膜之间，既保护油墨又使包装内容物不易被油墨污染。因而大部分塑料食品包装袋采用"里印"工艺，以美化包装并符合国家相关食品卫生标准。

塑料印刷的油墨，分为表印油墨和里印油墨。塑料油墨除了正常的附着力、覆盖力和一定的抗伸缩性外，有的还具有耐蒸煮性，或具有耐化学成分的渗透性或强耐磨性，需要根据不同的工艺和商品性质的要求以及包装的最终用途，采用不同性质的油墨进行印刷。

塑料薄膜的印后加工，主要是复合加工和成型加工。复合加工是将印刷半成品的薄膜与另一种或一种以上的薄膜复合为一体的工艺，又称覆膜工艺。用作包装的塑料薄膜成型加工，一般是加工成塑料薄膜袋，也有加工成薄膜管的，例如热缩膜印刷后加工成管状，以便于套在塑料瓶等容器上进行加热收缩而成为瓶标。塑料薄膜的成型，一般先进行裁切加工，再进行热合。热合是通过对热合机件进行加热，以一定温度和压力使薄膜快速熔融压，从而将两片薄膜结合在一起的工艺。

塑料薄膜的印刷和印后加工工程，常会使用快速挥发的溶剂和红外线加热烘干的工艺。这会使塑料薄膜在加工过程中发生一定的形变，从而影响印刷精度。

（二）塑料容器的印刷设计

塑料容器主要指塑料制成的瓶、罐、箱、盒、软管、杯、盘、碗等。因其具有质轻、透明、不易破碎、耐腐蚀、易于加工和生产低能耗等特点，已经在一定程度上取代了木质、玻璃、金属、陶瓷等包装容器。（图4-14）

塑料容器表面的标贴，可以采用印好的不干胶粘贴或者热缩膜套装的方式获得。如果要在容器表面直接印刷，可以采用适合曲面印刷的丝印、移印、柔印、喷墨印刷和烫印等。

图4-13 汇源果汁包装

图4-14 多样的塑料包装

　　设计注意事项：总体上，从设计角度看塑料印刷，由于主要采用专色印刷，要注意在设计方案中控制套色数量，这一方面是因为凹印制版费用高，另一方面也因为凹印机通常为6～8色机，超出一色则不能一条线印完，从而使套印难度增加而导致报废率提高。

　　由于塑料材质对油墨的吸水性极弱，设计时要注意各套色之间不宜大面积实地重叠，以避免增加印刷时油墨发糊的可能性。

　　由于塑料印刷过程中红外线烘干导致的温度变化和传动机械的压力，塑料薄膜易发生形变，设计方案应考虑套色精度有一定的宽容性。

　　此外，在塑料薄膜的热合边附近，不要设计重要的图文信息，以免热合后的皱褶影响信息的正确传达。

图4-15 玻璃容器包装 曾敏拍摄于Bournemouth

三、玻璃容器的印刷设计

玻璃具有良好的化学稳定性，几乎不与任何内容物产生化学反应。

玻璃包装容器抗压强度好，无毒无味，可回收利用，可再生。因而玻璃包装在酒、饮料、食品、化妆品、医药品、文化用品等方面广为应用。（图4-15）

玻璃包装可以采用不干胶标贴、普通纸张印刷后粘贴或热缩膜标签。在玻璃包装表面进行的直接印刷，是通过丝网印刷进行的。常见的方式主要有：

一种是采用玻璃色釉油墨进行丝网印刷。具体方式是将图文丝印在玻璃容器上，再将容器回炉烧制，使色釉油墨与玻璃结合。

另一种是先将图文印刷到塑料薄膜贴上，再将塑料薄膜粘贴在玻璃容器上回炉烧制，使图文油墨与玻璃结合。

此外，还有采用腐蚀、激光雕刻等工艺在玻璃上印刷出图文及采用腐蚀的方式在玻璃上印出图文。

设计注意事项：玻璃丝印采用的油墨、防蚀刻涂料或者蚀刻油墨，多黏稠，流动性差，有的需要加温才能印刷。因此玻璃丝印宜选用网目数较低的不锈钢丝网版进行印刷，网目过高会使油墨难以均匀通过网版。这意味着，进行玻璃容器的包装设计时，不宜采用过度精细的图文套印。

四、金属包装的印刷设计

最早的金属包装，主要是由镀锡钢板制成的马口铁罐头，现在已发展为无锡薄钢板、黑钢板、铝及铝合金等多种材质。

金属包装多以片材、复合罐和铝箔的形式作为承印物进行印刷。

金属包装容器的类型有金属罐、金属软管和金属箔制品三类。

金属罐按结构可分为三片罐（如马口铁罐头，由顶片、底片和罐身三片压制而成）和两片罐（如易拉罐，由一块顶片和整体成型的罐身压合在一起），金属罐广泛使用于商品包装领域。

金属软管主要有锡制、铅制和铝制。锡制软管因成本过高而少被使用，铅制软管因为有毒基本被禁用。目前金属软管主要是铝制，广泛用于化妆品、医药品、食品、颜料、日化用品等包装。

制金属容器的片材或板材，在印刷前、印刷后都需要进行涂装处理，起到防锈、防止内容物侵蚀金属容器、易于附着油墨和保护油墨的作用。

金属片材的印刷，采用金属胶印的设备和工艺进行。其印刷原理与普通胶印相同，但油墨硬度更大。由于承印物对油墨不具有吸收性，所以印刷过程需要红外线烘干。（图4-16）

设计注意事项：金属片材印刷后的加工，需要弯曲片材制成罐形，还需要进行三片罐体的连接加工，如锡焊接、粘接或熔接。包装上会呈现有翻边咬合及焊合处理的结构，这些结构处是不能印刷油墨的，否则会影响其成形质量和密封质量。

金属两片罐和金属软管，都是成形后再进行印刷。二者印刷方式基本相同，都是采用凸印。通常都采用红外线烘干，避免实地色的套色重叠，以免油墨发糊。

铝箔纸是由纸张基层上复合铝箔，再在铝箔层上涂覆透明、半透明的涂色层构成，例如，常见的金卡纸、银卡纸。铝箔纸是一种替代大面积烫金、烫银工艺的高档包装用纸，多用于烟、酒和礼品包装。

铝箔纸可用于各类印刷方式。但需要注意的是，复合了铝箔的正面和背面的纸张基层在对温度和湿度的耐受力上反差较大，纸张基层更易吸潮膨胀使纸张向金属箔一侧卷曲，或者失水过快而向纸张基层卷曲。正面的铝箔层不易印刷，需要使用黏度更好，更易挥发的印铁油墨或快干油墨，印压也要比普通纸张大。因而正面铝箔的印刷不适合实地色重叠印刷。

从设计角度，金属片材或铝箔纸由于自身带有金属光泽和颜色，可作为设计语言加以利用以获得特殊的材质与折光效果。对于三片罐，设计时要考虑预留焊缝和卷边位置，不要在这些范围附近出现重要图文信息。

图4-16 金属包装印刷 设计：许节 曾敏

图4-17 各类材质的包装，通过印刷或印后工艺进行信息呈现

第五章
包装设计新动力

084

导言

　　包装设计行业所经历的每一次重大变革，都与当时的科技、经济以及政治、文化的变革关系紧密。例如，以蒸汽机的发明为标志的工业革命，以及照相制版工艺的发明，催生了现代的包装印刷工业，使手工绘制或手工印制的包装逐渐退出历史舞台。20世纪早期，高分子技术的发展，使塑料逐渐成为包装的原材料。今天我们的生活中，塑料由于优于纸张、金属、玻璃等传统包装材料的特性，已成广泛使用的重要包装材料。但随着全社会环保意识的增强，对塑料包材进行绿色环保的改进，也成为当代包装业重要的研究与发展方向。

　　本章将从市场环境、消费文化和技术条件的新变化等方面，探讨信息时代商品包装发展的新趋势，以及由此引发包装设计发展的新动力。

第一节 新环境

营销环境对包装设计有着不可忽视的影响。

在当前这个信息技术革命与商品经济社会交叠的时代，营销环境、营销观念和营销方式都在发生着快速而显著的变化，商品包装设计在未来一段时间内的发展趋势如何，包装设计业界和高校包装设计课程，有必要对其进行关注和研究。

从宏观上认识和把握营销环境、观念的当下状态与发展趋势，有利于培养设计师和设计专业学生把握设计导向的能力，乃至确立良好的设计价值观。而对于微观营销环境的洞悉，则对有效解决具体的设计任务有着直接而紧密的作用。

如同我们已经显著感受到的，当前我们的生活正在经历着信息技术和体验经济所带来的种种改变。在商品零售业方面尤其让我们感受明显，例如从实体店经济到电子商务再到线上线下的融合，从B2C向着C2C的发展。这些，既改变了宏观的营销环境，也改变了微观的营销环境（图5-1）。在新的环境中，仍然沿用老的设计理念与方法，犹如把在省道上的交通规则与驾驶方式运用到高速公路上，有相似性但显然是不一样的。因此，需要创新设计理念、技术与方法来适应新的营销环境。我们需要分析究竟发生了怎样的改变，才好研讨如何创新以应对。（图5-2、图5-3）

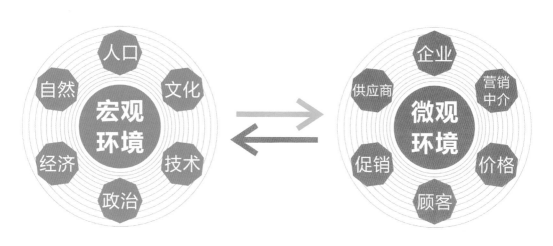

5-1 宏观营销环境与微观营销环境示意图

网店销售流程示意图

| 集中或分散进货 | 上网销售 | 顾客网上图文选货 | 购买支付 | 快递（分散）物流 | 顾客收到货品 | 顾客网上评价 |

| 集中物流进货 | 上架销售 | 顾客店内实物选货 | 购买支付 | 顾客带走货品 |

实体店销售流程示意图

图5-2 电子商务流程图与实体店流程图对照

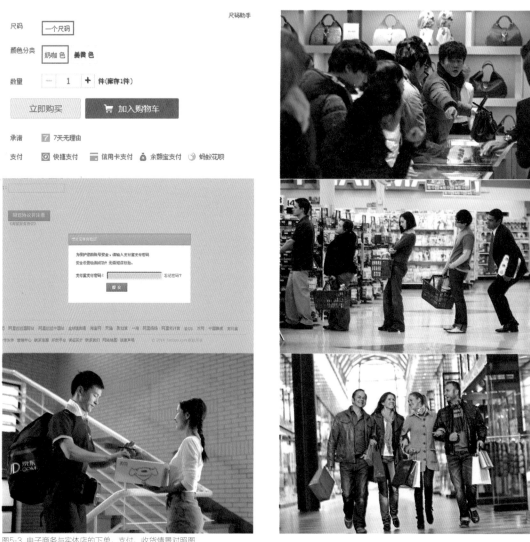

图5-3 电子商务与实体店的下单、支付、收货情景对照图

一、电子商务的影响

（一）电子商务大趋势导致包装功能的重心转移

当前，B2C这一新兴的零售模式，正开辟着零售业迥然不同的新格局。零售模式的改变，也将决定性地引发零售终端的变化，并引发商品包装的改变。那么，B2C引发了零售终端哪些重要改变呢？下面我们尝试逐一探讨。

B2C是英文Business-to-Customer（商家到顾客）的缩写，是近年来方兴未艾的一种电子商务模式，主要通过互联网开展在线销售活动，面向消费者销售产品和服务。

"21世纪，要么电子商务，要么无商可务"这句比尔·盖茨十余年前的预言今天正在变为现实。据商务部电子商务和信息化司2020年公布的《中国电子商务报告2019》显示，2019年，全国电子商务交易额达34.81万亿元，比2018年增长6.7%，其中网上零售额10.63万亿元，比2018年增长16.5%；实物商品网上零售额为8.52万亿元，比2018年增长19.5%，占社会消费品零售总额的比重为20.7%（2012年该比重为6.2%）；网络购物用户规模达7.10亿人（2012年为2.47亿人）。仅仅数年，电子商务已经显著改变了零售业的格局。

事实上在生活中，B2C已经让人们感受到了相当大的改变，其中尤为明显的是：终端陈列方式、消费者购物状态与体验、商品查找方式、购买决策依据、物流方式等。这些改变促使包装功能的重心发生了偏移。

（二）购买决策的依据改变，导致售前包装转型为售后包装

在传统超市购物，人们会先通过包装了解商品的相关信息来作为购买与否的重要依据，然后选择完好整洁的包装，去收银台付费。这是典型的先看实货，再付费的"售前包装"形式。在B2C中，消费者往往通过网页而非包装上的信息来了解商品，并通过查看大量其他消费者评价，以评估自己是否购买该款商品。下单后，通常要先支付费用才能收到或者打开包裹。这是新兴的先付费后才能看到实货的"售后包装"形式。（图5-4）

众所周知，商品及包装的实物感受、商品信息及消费者评价，通常是线上线下购物都需要的重要决策依据。而可信的消费者评价，是可以对产品、包装和广告形象起到颠覆性作用的。

在传统实体店，消费者难以获取其他人的消费评价，因而会更依赖包装形象及其承载的信息来作为购买决策的依据。所以我们看到，为确保消费者权益，国家近年来陆续出台或者升级了若干与商品包装有关的法规和国家标准，如《GB/T 12123-2008包装设计通用要求》《GB/T 16716-2008包装与包装废弃物》《GB 7718-2011食品安全国家标准预包装食品标签通则》等。在B2C中，由于对商品和包装的实物感受不完整，购买决策依据更依赖于B2C网站的诚信、品牌影响力、网页对商品的介绍，以及消费者评价。而其中人们尤为希望通过大量其他消费者的评价，来作为购买与否的重要参考。这些对购买决策有重要参考价值的用户评价，很难在实体店中大量获得，在B2C中却变得容易。正如我们所看到的，在亚马逊、京东、淘宝等知名B2C平台中，用户评价已成保障销售必不可少的重要内容之一。

B2C改变了传统超市的零售模式，使承载商品基本信息的载体由包装扩展到网页，甚至以网页为主。这种改变，使包装的性质从"售前包装"转为"售后包装"。而大量可信的消费者评价则是保证"售后包装"能够顺利销售的重要条件，甚至使消费者主要倚重消费评价而非包装上的信息来评估自己的购买决策。

淘宝网
Taobao.com

宝贝 ∨　西装　　　　　　　　　　　　　　📷　　搜索　　　　在结果中排除　请输入要排除的词　　　确定

找同款　　　　找相似

网红潮店

毛呢外套时尚潮单

点击抢鲜看 ●

¥275.00 包邮　　　　55人付款
包邮全智贤舒淇同款BALMAIN双排扣修身西
装短款外品折扣 剪标
≡ tb3421915　　　　　　　　　江苏 苏州

¥599.00 包邮
ZARA女装 人造绒面翚效果西装外套
03667020800
≡ zara官方旗舰店　　　　　　　上海

¥599.00　　　　　　　　7人付款
2016年春夏新品韩国东大门正品代购
BLOSSOM时尚气质翻领西装外套
≡ nnyy0313　　　　　　　　　浙江 温州

¥295.00　　　　　　　16人付款
秋冬原创vintage复古黑灰色光板直筒中长
款羊毛呢西装大衣外套 女 西装
≡ 赏子xyz　　　　　　　　　浙江 杭州

¥859.00 包邮　　　　276人付款
重磅推荐~！开春必备单品 两色真丝西服现
货无补 SVIP
≡ 球球妈妈的店　　　　　　　广东 深圳

¥199.00　　　　　　　16人付款
【雀斑脸】西服秋冬 预定11月20日出货
≡ 我买题555　　　　　　　　重庆

¥299.00 包邮　　　　38人付款
左娇娇 19UP 想象不到特别正的早春美黄
色西装呢子外套
≡ fashionnow_hz　　　　　　浙江 杭州

图5-4 电子商务与实体店的浏览检索情景对照图

（三）终端陈列方式从密到疏，查找商品的方式由被动转为主动，致包装"货架竞争力"几近无需

在不同的卖场中，商品的陈设条件与检索方式不尽相同，商品包装所承担的功能也不尽相同。

传统卖场中，同品类但不同品牌的商品，通常集中陈列在同一个区域的货架上。在主流的零售终端超市里，这样的货架总是"寸土寸金"地构建成一片拥塞密集的商品场景。于是，要有效达成商品"交换"的目的，大多数时候，首先必须让商品引起消费者的注意。这就使商品包装的设计在很大程度上成为优先体现其形象的货架竞争力，以使商品能够有效地

图5-5 电子商务与实体店的下单支付情景对照图

从货架背景中"跳出来"。在B2C中，商品通常是由若干图片共页或者逐页展示，其所构成的"货架背景"相对于传统卖场要显得单纯轻松得多。这就使B2C中的商品包装，不再需要像传统卖场中的包装那样，竭尽所能地增强"货架竞争力"。

在实体卖场，消费者是被动地根据既定货物陈列，以浏览的方式在一片商品的汪洋中逐区、逐架、逐行地扫过，以查找中意的商品。在B2C中，消费者通常以主动地输入关键词或勾填选项的方式，快速检索自己需要的商品。商品查找和检索方式的不同，导致 "货架竞争力"在包装设计时的重要性和表现方式呈现的不同。在实体店，包装设计需要重点体现形象的货架竞争力，以提高商品被关注的概率。而在B2C中，由于采用关键词检索的方式查找商品，包装设计也就无须重点体现如何从"货架"背景中凸显的问题。

在B2C中，传统意义上的"货架背景"的消失，以及商品检索方式的改变，导致传统包装设计一度极其重视的"货架竞争力"几近消失。

（四）消费者的购物过程与体验不同，导致更重视包装的细节、内涵与保护功能。

站着买东西和坐着买东西，这两种不同的购物状态，会导致截然不同的购物体验。

消费者行走在万千商品构成的拥塞货架之间，站立在来来往往的购物人群中，在嘈杂喧闹的环境中挑选商品并进行购买决策，爽气地为自己看上的商品付款，然后心满意足地带走。这是人们在超市购物时典型的过程和状态。而在B2C中显然不同：消费者独自安静地坐在电脑旁，游动手指和鼠标，在台面音响释出的轻缓音乐声中，根据不同网站大量呈现的产品资讯和用户评价，做出最为合理的购买决策，愉悦地点下购买确认按钮，等待数小时至数天后拿到快递，满心期盼地打开包裹检视商品是否吻合下单时网页的介绍，之后再到网站做出评价，完成交易。（图5-5）

显然，在实体店中站着买东西的消费者，更倾向于迅速了解商品的主要特色信息，以尽快做出购买决策。由于是即时交易，购买前就已经看到、拿到了商品，因此购买时人们也会多加关注商品外包装是否美观和完好。而B2C中，坐着的消费者，可以对感兴趣的商品进行重点、快速、全面的检视与"品味"。这使消费者在结合各种综合信息来做出选择意向时，往往也更有条件、更有需要通过图片观察商品及其包装的细节。

此外，在实体店，消费者能够预先观察和拿到满意的包装实物。由于B2C中的购物过程

图5-6 电子商务与实体店的物流环节对照图

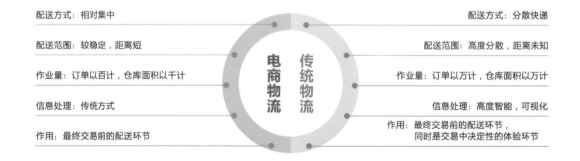

配送方式：相对集中   **电商物流** | **传统物流**   配送方式：分散快递

配送范围：较稳定，距离短   配送范围：高度分散，距离未知

作业量：订单以百计，仓库面积以千计   作业量：订单以万计，仓库面积以万计

信息处理：传统方式   信息处理：高度智能，可视化

作用：最终交易前的配送环节   作用：最终交易前的配送环节，同时是交易中决定性的体验环节

被分解到网上浏览、下单、收到快递直到打开包裹取出商品的那一刻，消费者的购物体验因此延伸到更长的时间和更广的空间。在这样的过程中，消费者关注的更多是商品本身是否如愿所期。比如，在等待数日后，收到快递拆开包裹的时候，人们虽然也希望看到一件漂亮的包装，但此时此刻往往最希望看到的是被包装保护完好的商品。人们对包装的保护性预期远甚于包装的美化装饰功能。这样的预期，正是可以促使包装功能回归本质的重要动力之一。（图5-6）

（五）物流方式从集中到分散，导致包装对保护功能的要求更高，也对"绿色包装"提出新挑战

实体店中的商品，通常是经集中物流分配到各个零售终端，再由消费者购买后自行带走。在这一过程中，商品零售出去后通常不需要额外的运输包装进行保护。而在B2C中，商品最终是通过分散的物流快递到消费者手中。这就需要考虑包装在分零后的物流过程中是否有效保护商品，直到其安全到达消费者手中。B2C，使传统零售业中令消费者陌生的物流，不仅从集中转向分散，也从后台走向前台，使物流成为重要的消费体验环节。所以不难预见，商品包装设计将更多关注"保护功能"和其他可以改善消费体验的因素。

分散物流也大幅增加了包装的材料与人工成本，加之目前B2C电商普遍沿用传统包装，于是为了保护商品，大量非环保的PVC材料被制成气囊填充在包裹内。如此发展下去，PVC气囊将如之前被禁止在超市使用的一次性塑料购物袋，成为规模宏大的新一类环境污染源。这向政府、包装业界和设计教育界在"绿色包装"事业的进程中，提出了新的挑战。

二、宏观政策的引导

改革开放至今，经过30余年的发展，我国包装产业得到了快速发展，总产值从1980年的72亿元直线上升至2018年的1.9万亿元，初步形成长三角、珠三角及环渤海三大包装产业带。今天，传统的包装行业已发展成一个能够灵敏地承接新科技革命成果又吸纳大量就业的、技术密集型与劳动密集型相结合的新兴产业。包装产业是中国少有的几个年产值超万亿的产业。经过改革开放特别是近10年来的跨越式发展，中国包装产业形成了较为完整的工业体系，产品门类齐全，不少包装科技成果已达到甚至超过国际先进水平。

据英国调研公司BRICdate预计，中国将在2020年取代美国成为全球最大的包装市场。

包装产业是一个无所不包、永续发展的朝阳产业。包装产业的发展水平不仅体现了综合国力和竞争力，而且是一个国家科技进步和社会文明的重要标志。我国包装业已经度过做大增量的发展阶段，做强品牌、增强国际话语权将是产业发展的主要目标和方向。

今天，信息化和工业化"两化融合"趋势的日益明显，使我国政府已经将其作为稳增长、调结构、惠民生的重大战略任务，这为包装生产行业带来了重大历史机遇和挑战。

同时，绿色低碳环保的生活和消费理念在今天也已经深入人心，无论从现实市场需要还是社会与自然的长远和谐共处，这都是包装产业需要重点关注的问题。

"中国制造"正在痛苦而充满期待地向着"中国创造"转型，这是中华民族要在新的世纪里立足于世界，实现民族复兴的必由之路。伴随着民族复兴的，是中华文化在世界范围内的自信重塑与价值回归。

发展、品牌、国际话语权、两化融合、中国创造、中华文化，这一系列的关键词显示出我国包装产业来到了一个重大的、历史性的机遇关口。在此重要机遇来临之际，我们看到，

感受到从政府主管部门、包装生产企业到包装研发机构和设计教育机构等，都对包装业未来发展的动向、包装工业技术革新和包装设计创新有着较高的关注。商品包装作为包装产业的重要构成部分，涵盖了从保存、储存、容纳、运输到销售的全部包装功能，灵敏又综合性地反映了市场经济、科学技术和社会文化的发展成就与潮流。在当前这一重大历史机遇时期，从宏观上对我国商品包装设计的价值取向、价值创造以及设计策略进行系统梳理与研究，有着重大意义：

其一，对促使我国商品包装产业沿着人文关怀与技术创新相和谐、经济效益与社会效益共发展、市场需求与生态环保相协调的路径，发展出富有创造力和中华文化魅力的，具有良好市场效益和国际竞争力的品牌和商品，具有重大意义。

其二，人才是一个行业发展的根本保证。设计教育界工作的主要意义，在于培养能支持设计行业持续发展的人才。进行"中国商品包装设计"的研究，对于培养在信息时代具有正确价值观的，艺术原创力与市场洞察力并重的、中华文化素养与国际交流能力兼备的新一代包装设计人才，具有重要意义。

其三，遵守行业法规具有重要意义。近年来，随着我国市场经济的发展，政府陆续出台或修订更新了一系列法规、国家标准和条例，从产品质量、知识产权、消费者权益等方面保证市场经济活动中各方面参与者的合法权益，并且在执行层面较以前更为严格、规范。商品包装设计的学习者、教育者和从业人员，以及相关企业管理人员，如果不对这些法规、国标或条例加以重视和学习，便有可能无意中违法、犯规，而使之前一切关于包装设计工作的付出划归为零。读者朋友可以在网上检索"包装侵权""商标侵权""字体侵权"或"包装不规范被罚" 等关键词，就会发现这并非耸人听闻。因此，在法制环境日益规范的市场背景下，商品包装设计的各层面参与者，的确有必要自觉进行"普法"学习。

三、绿色环保观念的普及

环保潮流对当今包装设计的发展趋势正在产生显著的影响。

通常人们将符合"4R+1D"原则的包装设计，称之为绿色包装设计。"4R+1D"即Reduce（减量化）、Reuse（能重复利用）、Recycle（能回收再用）、Refill（能再填充使用）、Degradable（能降解腐化）。

"绿色包装"发源于1987年联合国环境与发展委员会发表的《我们共同的未来》，到今天已经在全世界范围内掀起了一个以保护生态环境为核心的绿色浪潮。绿色包装充分体现了环境保护与经济发展相互协调、长期发展的思想策略。保护环境、发展绿色包装已成世界各国包装业发展的必然趋势。

在我们的生活中，绿色环保的包装设计已经从经济价值和社会价值层面获得大量具有环保意识的消费人群的认同，并且其影响力正在全球范围内日益扩散，这也必将成为包装设计业未来发展的重要驱动力之一。我们要看到，无论是包装设计界还是设计教育界，目前对绿色包装设计方面的理论研究和实践探索都还在初期阶段。但这也恰恰意味着，今天的业界从业者们需要借助绿色设计为人类文明与自然的和谐共处承担这一份厚重的历史责任。绿色包装设计，恰逢机遇，其责也重，其发展也大。

第二节 新需求

一、消费者的新需求

1.从消费需求的层级发展上看

根据美国心理学家亚伯拉罕·马斯洛1943年在《人类激励理论》论文中所提出"需求层次理论"，人类的需求层次由低到高依次为生理、安全、社交、尊重、自我实现（图5-7）。其中，生理需求属于底层级需求，如食物、水、空气、性欲、健康。安全需求，同样属于低级别的需求，如人身安全、生活稳定及免遭痛苦、威胁、疾病或钱财损失等。社交需求，

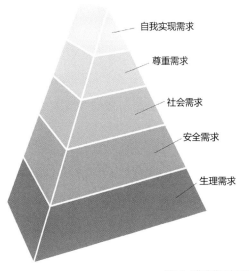

图5-7 马斯洛的需求层次图

更多精彩内容

属于较高层次的需求，如对友谊、爱情以及隶属关系的需求。尊重需求，属于较高层次的需求，如成就、名声、地位和晋升机会等。尊重需求既包括对成就或自我价值的个人感觉，也包括他人对自己的认可与尊重。自我实现需求，是最高层次的需求，是针对真善美至高人生境界获得的需求，具体包括认知、审美、创造、发挥潜能的需要等。在前四项需求都能满足时，最高层次的需求方能相继产生，是一种衍生性需求。

较低层次需求的满足是实现较高层次需求的基础。任何社会经济时代的产生和发展，都是生产力发展和人类需求不断升级、创新及其相互作用的结果。

产品经济时代，以大量的农产品满足人们生存的需要；商品经济时代，主要以大量丰富的工业产品来满足人们生存和安全的需要；服务经济时代，商品经济空前繁荣，顾客满足于对商品本身的需要，也对商品的服务及其质量有需要。高品质的服务成了满足人们需求的主要经济提供品。

今天，体验经济时代已经开启。随着社会生产力水平、顾客收入水平的不断提高，产品和服务作为提供品已不能满足人们精神享受和发展的需要。从社会总体上看，顾客需要更加个性化、人性化的消费来实现自我。因此，顾客的需求也随之上升到了"自我实现"的层次。

2.从我国经济发展的宏观态势上看

根据有关资料，我们看到，从宏观上，当前我国国内消费需求的增长态势正在发生一系列的新变化，主要表现为五个方面：

其一，国内消费需求保持平稳增长。

其二，城乡消费差距趋向缩小，农村在全国消费品市场中的比重呈不断上升之势。

其三，中西部消费增速继续领跑。

其四，居民消费结构升级趋势不断显现。城乡居民的发展型、享受型消费持续快速增长，新型商品消费、服务消费、文化消费等正在成为新的消费热点。

其五，网络消费高速增长。从消费对象的构成来看，服装鞋帽是网络购物市场最热门的销售品类，其次是日用百货和电脑、通讯数码产品及配件。

这些新的发展态势，对我国经济增长和结构调整形成了若干深刻、长远的影响：

内需促进外向型经济转型。内需稳定增长吸引外向型企业进行市场转型，越来越多的企业将战略发展重心从单纯的成本管控，逐渐转向提高产品附加值含量、培育自有品牌和构建营销渠道等方面，以深挖国内市场发展潜力来抵消国际市场的冲击。

居民消费升级促进产业结构调整。在居民消费升级等多种因素作用下，宏观经济在增长趋稳的同时，新产业、新业态、新产品在分化中孕育，在分化中成长。服务业，在产业结构中的占比不断增加。工业，高技术产业和装备制造业增速普遍快于传统工业。在投资领域，战略性新兴产业和现代服务业发展势头良好。

理性化消费有利于国产品牌崛起。由于全球经济放缓，以及我国政府宏观调控的干预，当前及今后较长一段"经济新常态"时期，居民消费的自然增长和收入水平提高所带来的消费升级等内生动力，成为支撑经济发展的主要动力。这将倒逼企业转变增长方式、调整产品结构、实现转型升级。

以互联网为基础的电子商务促进商业模式创新。网络消费的迅猛发展，已经促使传统企业借助信息化技术来开发新市场，成为转型发展的重要内容。

性能和使用等较为专业的用户。

顾客更关心的是什么商品，对价格更敏感；用户更关心的是商品的质量，对商品的品质、功能更敏感；玩家更关心的是商品的创新性、趣味性，更看重商品能带给自己什么样的体验。

今天以及未来若干年，市场主流消费力量将大幅度地向80、90、00后倾斜。而他们对商品的选择，具有明显的"玩家"倾向。既不新颖又无趣味的商品，功能与质量再好，可能也难以令其怦然心动。他们不只是面对情绪性商品才如此，面对不少理性商品时也是如此，甚至面对老一辈人推崇的大牌子也是如此。作为商品的研发、生产、销售单位，应该关注到并及早适应这种趋势。（图5-8）

二、新兴消费群特点

有人说，今天消费者的角色，有三种类型：顾客—用户—玩家。

顾客，是来店里买了东西就走的客人，与商家之间只是单纯的商品买卖关系。

用户，是顾客也是商品的较长时间的使用者，他们需要更好的产品和商家提供更专业的售前、售后服务。

玩家，是把商品当"玩具"，并对商品的

图5-8 90后消费生活情景图

第三节　新技术

一、信息技术的发展

信息技术（Information Technology，缩写IT），也常被称为信息和通信技术（Information and Communications Technology，ICT），主要包括传感技术、计算机技术和通信技术。

广义而言，信息技术是指能充分利用与扩展人类信息器官功能的各种方法、工具与技能的总和，或指对信息进行采集、传输、存储、加工、表达的各种技术之和。

狭义而言，信息技术是指利用计算机、网络、广播电视等各种硬件设备及软件工具与科学方法，对文图声像各种信息进行获取、加工、存储、传输与使用的技术之和。

信息技术的发展主要经历了五个阶段：

第一阶段是语言成为早期人类进行思想交流和信息传播不可缺少的工具，发生在距今35 000年~50 000年。

第二阶段是文字的出现和使用，使人类对信息的保存和传播取得重大突破，较大地超越了时间和地域的局限。大约在公元前3500年。

第三阶段是印刷术的发明和使用，使书籍、报刊成为信息储存和传播的重要媒体。我国大约在公元1040年开始使用活字印刷技术，约400年后欧洲人开始使用印刷技术。

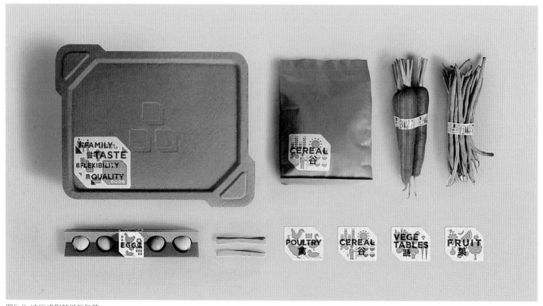

图5-9 冲压成型的纸板包装

第四阶段是电话、广播、电视的使用，使人类进入利用电磁波传播信息的时代。1837年美国人莫尔斯研制了世界上第一台有线电报机。1844年5月24日，人类历史上的第一份电报从美国国会大厦传送到了40英里外的巴尔的摩城。1876年3月10日，美国人贝尔用自制的电话同他的助手通了话。1895年俄国人波波夫和意大利人马可尼分别成功地进行了无线电通信实验。1894年电影问世。1925年英国首次播映电视。

第五阶段是计算机与互联网的使用。20世纪60年代，电子计算机的普及、应用及其与现代通信技术的有机结合，标志着信息时代的开始。

如前所述，信息技术在今天已经深入地改变着包装消费、销售、物流、生产、设计。同时信息技术也支撑和拓新了今天的消费需求。

二、包装工艺的发展

包装工艺主要指包装制作过程中的制造工艺。借由计算机技术的系统应用，当代包装工艺发展迅速，种类繁多。更新的技术，例如，包装的印刷工艺、成型工艺、整饰工艺、防伪工艺等，都经历了一个个改进、完善的过程。

例如，塑料包装用的挤压、热压、冲压等成型技术，逐渐用到了纸板包装的成型上，较好地解决了纸板类纸盒包装压凸（凹）成型的问题。很多不同材质的包装成型已借助气压、冲击、湿法处理、真空技术来实现其工艺的简

化与科学化。包装干燥工艺，也由过去的普通热烘转向紫外光固化，使其干燥成型更为节能、快速和可靠。包装的印刷工艺，也更为多样化。特别是高档商品的包装印刷已采用了丝印和凹印。还有防伪包装制作工艺，也由局部印刷制作转向整体式大面积防伪印刷与制作。（图5-9）

三、设计技术的改变

数媒时代所启发的包装互动设计

互动，通常指人与人、人与物及人与环境之间的互相作用、互相影响。

互动概念在包装设计中的借用，由来已久。传统的巧克力被压制成由若干小块连接而成一板，外面使用锡箔纸包装。吃时可以根据需要轻松地成块掰下来，然后将缺口处的锡箔纸揉折起来，对剩下的巧克力进行再包装，既防潮又方便。自17世纪中叶，软木塞和葡萄酒瓶结合使用以来，人们在贮藏葡萄酒时会将葡萄酒瓶横着或者倒着放置。这样的行为使酒将软木塞浸泡发胀，从而令瓶内的葡萄酒能够长时间贮藏而不变质。在今天的超市里，我们能看到一些按照一定的规律排列的包装，在货架上形成有趣的组合图案，比如伊利牛奶包装盒上的奶牛会从一个盒子"跳"到另一个盒子去。

"互动"包装在产品保护、促进销售和使用便利等方面有着独特的价值，但是因为种种原因，互动设计的理念在包装设计中并不多

见。随着数字媒体日渐成为主流的大众传播媒介，其交互的理念、技术特征和用户体验成为设计行业关注的热点，也引发了包装设计界对互动设计的更多关注。事实上我们看到，在传统实体店中已经出现了使用二维码替代大量推广信息的包装。消费者用手机对二维码进行扫描就可以登录相关网站，对商品进行更多信息的了解。还有一种3D印刷技术，使用数字技术在包装上印制3D图文。只要人们晃动包装，就可以通过不同光线的角度折射出不同的图文信息，这为包装设计提供了新的创意实现方式。我们甚至可以推想，随着科学技术的发展，很多商品包装上印刷的信息将来可能会被一小块显示屏所取代。（图5-10、图5-11）

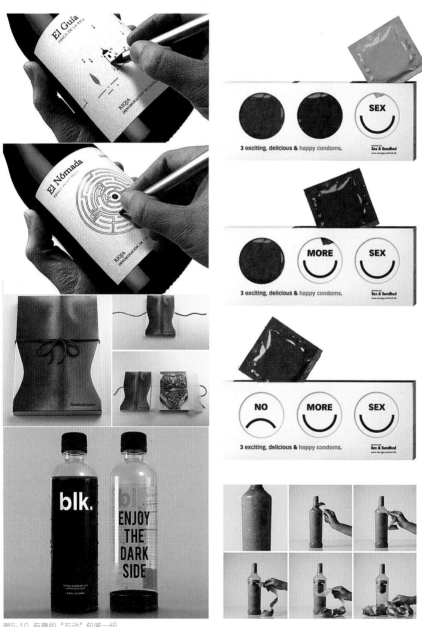

图5-10 有趣的"互动"包装一组

更多精彩内容

图5-11 有趣的"用户参与"包装
通过图形与结构的结合,米袋和"米仓"随着消费者对米的消耗而变成空袋、空仓
设计:邹家玉 指导教师:曾敏

WH SMITH

10 White Chalks

GOLD

导言

    本章主要从包装设计的观念、视角与思维等方面，探讨包装设计的创新精神与创新策略。

    于趋势之上，与众不同。

    这或许就是包装创新设计永续不懈的追求。

第一节
设计创新的基本观念——
趋势之上，需求之中

爱因斯坦说："空间、时间和物质，是人类认识的错觉。"

没有什么一定得是我们曾经、现在所见到的样子，更没有什么会一成不变。基于并随着人们的需要、认识、技术、偏好、局限和机缘的不同与改变，人们不断地创造着，并通过创造不断更新着生产、生活的方式。

没有什么是一定的，世界如此，人的欲望亦如此。每个人的需求与欲望都在发生着改变，当若干人共性的需求与欲望汇集，则形成某种需求与预期的类型。当相当多的人都怀有这样的需求与预期，并有可能通过价值交换的方式来获得这种需求与预期的满足时，某种消费的趋势便呈现出来。

没有什么是一定的，但有价值的创新设计，却一定需要洞察需求的趋势，或者预见其变化的方向。有价值的创新设计，要满足特定的目标需求，亦要顺应发展的趋势。即所谓，设计创新应在趋势之上，需求之中。

更多精彩内容

老款

现款

新款

图6-1 适应趋势发展，满足消费需求而不断更新的农夫山泉矿泉水包装

所谓趋势之上，是指包装设计业界和高校包装设计课程应该关注、研究宏观营销环境当下及未来的发展态势，关注设计的终极价值，把握设计的宏观导向。这也是培养设计师和设计专业学生确立良好设计价值观的重要过程。

所谓需求之中，指包装设计应该满足具体设计任务的需求，尤其是要满足具体商品的目标市场需求。包装设计需要在前期对微观营销环境因素进行充分的调研，从中找准定位才可能取得良好的市场反响。具体的微观营销环境因素，其对包装设计的定位，对包装的信息传达和风格设计往往有着直接和决定性的影响。此种分析需求、把握定位的能力，是设计师准确把握设计目标的能力，是设计师重要的核心竞争力之一。这也要求包装设计课程应该导入对微观营销环境因素的研究，使学生通过研究习得如何调研、分析微观环境并从中把握设计定位的能力。

包装设计需要创意，需要形式的创新，也需要审美的推与敲。但为什么需要这些呢？这是创造价值的需要。"价值的边界是生活世界……设计与价值都是以人的现象作为出发点的，其终极目标是创造幸福和谐的生活……不断地运用人的力量与智慧去超越各种限制，克服不利

于人生存发展的艰难困境，追求和谐生活，创造幸福完美的生活。这就是人类至今绵延不绝的原因。"[1]我们生活着的世界，是由物质与精神共同构成的，是由人的社会和自然的环境共同构成的。和谐幸福的生活，是建立在物质与精神和谐的基础上，而非偏激一侧；人类长久的和谐幸福生活，则在于人的需求与自然之间的平衡，而非片面的"以人为本"。

所以，创造物与精神的和谐，创造人与自然的和谐，是设计的大势所趋。这两项"和谐"也是当前包装设计课程中不可回避的重要宏观因素。此外，对诸如人口经济发展水平、地域文化、法律法规等宏观环境因素也应加以学习研究。这对于面向大众市场的包装设计来讲，在准确把握设计定位及利用或规避文化及法律法规的影响或风险上，具有重要意义。而教学、实践、研究三结合的高校包装设计课程，也有必要培养学生通过研究宏观环境把握包装设计发展趋势的能力。

宏观的趋势，会直接或间接地影响到微观的具体需求。例如，绿色环保的社会共识，引导人们逐渐接受绿色包装设计，并引以为时尚，哪怕个人会为此多付出一些成本。但是商品包装设计的创新，在顺应或至少不违背"大

①李立新.设计价值论［M］.北京：中国建筑工业出版社，2011：19-23.

风格较单一的国产葡萄酒　　　　　风格多样的进口葡萄酒

图6-2 似曾相识和与"常"不同的包装对照

107

趋势"的前提下，通常更要着重于商品微观而具体的需求。例如，商品特性的表达、目标消费群的需求、销售渠道与终端的竞争等，进而深入具体地在信息梳理、创意表现、风格塑造、审美效果、工艺规范等层面上给予呈现。而这些也正是包装设计师主要的日常设计工作。

关注设计及社会发展的大趋势，并通过设计解决具体问题，是我们进行创新性包装设计的重要先导观念。

第二节
设计创新的重要视角——
与"众"不同，与"常"不同

大众创新、万众创业的当下，"创意"并非设计业界的专有术语。小伙子在追求女朋友时往往创意频出，而一个淘宝小店要想生意兴隆，店主也是绞尽脑汁地思考经营、推广上的创意。可以说这是一个人人欣赏创意，处处需要创意，不经意间一脚就能在马路边踢出一个创意来的时代。

创意在面向大众进行信息传播时变得越来越重要，有创意的设计越来越多，做有创意的设计也似乎变得越来越难。在这样的背景下，艺术设计的"创意"要引爆人们的笑点，需要更高的"温度"了。那么，我们还能从哪里去发掘令人耳目一新的创意呢？建议重视对"与'众'不同""与'常'不同"这两方面的思考。（图6-2）

与"众"不同。"众"字由三个"人"字构成。我们这里所说的"与'众'不同"的"众"，正好指三个方面的因素，即他人、自己、资料。在设计的视角、观点与创意表现形式上，不同于市场上的其他设计，不同于曾经的自己，不同于资料上的呈现。

要"与'众'不同"，就应广泛地了解"众"，看看大家怎么样，思考大家为什么要这样，然后逼着自己想方设法地和大家不一样。要"与'众'不同"，需要明智地分析研究"众"，并能果敢地于人所未为之处加以创新。例如，敲碎鸡蛋一头使其立于桌面的案例等。

需要特别提醒的是，创新容易，有价值的创新难。"众"所以为"众"，一定有其合理之处。应该研究分析其中的规律，找出既能为"众"所接收，又"与'众'不同"的创新突破点。因为，能为众人创造价值，才是包装设计创新的本意。

"与'常'不同"，于大家习以为常之处，寻找创新的突破点。

很多经典的创意，延续发展到今天，成为普通的日常生活中的一部分，人们不再因其是经典创意而给予多一些的关注。比如，过春节时，将"福"字倒贴于门上等。生活中还有无数初创时光彩夺人，到后来却因为习以为常而被人们视而不见的情形。但只要我们用心观察、体验、思考，到处都有涂写创意的好画板。

另一些情形，是那些没有人去做的事情，或者是因为没人想到，或者是有人想到但由于种种原因没有去做，不管怎样这些情形也是创意的好土壤。正如一个经典的营销案例，说的是一个欧洲鞋商在非洲推销鞋子的事情。第一次，鞋厂的一个销售员去到非洲一个岛国上，发现这里的人们自古以来都不穿鞋赤脚在沙地里劳作、娱乐、生活。于是这个销售员给老板发电报：这里的人根本不需要穿鞋，没有我们的市场。老板召回这个销售员，又派了一个销售经理过去考察市场。销售经理发现这里的人在传统习惯上确实都不穿鞋，但是人们的脚都被沙滩的石砾和树林的藤蔓割伤，导致厚茧和病变。如果有鞋子的保护，就会改变这种情况，让人们更安全、舒适地在沙地里活动。由于岛民们的脚型已发生畸变，一般的鞋子根本不适合他们，而且这个岛上的居民经济拮据，也买不起价格高昂的定制鞋，所以没有厂家愿意为他们生产特制尺码的鞋。这个销售经理继续调研，发现这个岛上盛产的几种水果特别受欧洲市场欢迎，而且在欧洲售价不菲。于是他想，可以给岛民定制一些鞋，用船拉来换成水果，再把水果拉回欧洲。当岛民试穿感受到穿鞋的好处并且成为生活习惯后，这里就是一个很好的市场。至此，这位销售经理兴奋地给老板发了一份电报：这里市场极好！

第三节 设计创新的思维方式

创新思维是相对于传统及常规思维而言的，不受常规思路的束缚，以全新、独特的角度研究和解决问题的思维过程。

设计创意思维多种多样，在此我们对包装设计中较为典型的几类创新思维方式进行了简要探讨。

一、发散思维与收敛思维

发散与收敛，是一对相辅相成的创意思维方式。发散思维，是多方面、多层次地去探求和思考同一问题的过程；收敛思维，是从发散后的大量思维结果中，优化出最佳方案的过程。发散思维的运用，要在明确一定的主线情况下，大胆联想。通常采用"蜘蛛图"或"树状图"来辅助梳理和记录发散思维的成果，并从中进行选择与优化。而集中讨论、思考和梳理的状态，与分散放松的状态相结合，通常是有效的发散思维状态。例如，不少优秀的设计概念，通常是在集中调研、思考和讨论的过程后，猛然间在一次轻松的散步或者淋浴时产生的。

在包装的创新设计活动的前期，往往需要充分运用发散思维，从不同层面、不同角度进行全面的、多元的设计思考与探索。而后收敛思维介入，即根据设计定位综合分析，优选出最具价值的思路，从而进行深化设计。

应该注意的是，发散思维的过程是围绕设计目标，探索多种设计可能性的过程。在此过程中，要从本质上理解设计目标，放开来进行各种探索，而不要拘泥于设计目标的表象。例如，设计一款矿泉水的瓶型，从本质上应该强化呈现矿泉水的纯净剔透，而不应该局限于市面上几款经典的矿泉水瓶的形式感。只要抓住设计目标的本质，即可以在创意与表现形式上放开来"发散"。（图6-3）

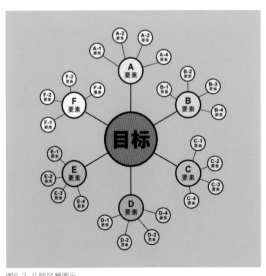

图6-3 头脑风暴图示

而"收敛"的过程，则需要注意在若干个充分表达设计目标的方案中，优选最具独特性的方案来深化。对于其他的方案则要有"维纳斯断臂"的勇气，加以放弃，以确保在有限的时间内能够集中力量将最佳方案做到极致。

二、归谬思维与逆向思维

归谬思维，是将事物正常的逻辑关系或表述方式中的某方面因素夸张化甚至极端化，从而得出夸张、滑稽甚至谬误的结果。如春节高速路塞车塞得都变成停车场了；我等你等了好久好久，以至于我的腿都长成藤蔓了。（图6-4）

逆向思维，又称反向思维，指从与常规相反或者迥异的方向去思考问题。例如，简约、轻松、调侃的"江小白"包装及其平面广告，因其迥异于传统白酒浓郁、厚重、端庄的普遍性形象而大受关注。又例如从人物联想到逆向的投影。（图6-5）

如果说，归谬是物极必反，那么逆向则为否极泰来。归谬思维与逆向思维，可作为一对互为参照的创意思维方法，对比着使用。归谬，是假设量变到极限而可能产生的质变，即如果按这样发展到超出想象的极限，会夸张成怎样？逆向，是基于事物都有对立面的辩证思考，而假设通常情况是这样，那迥然不同或完全相反的情况，会有哪些意想不到的结果。

以轻松的心态，戏谑归谬与逆向，令人捧腹或瞠目结舌的创意常在不经意间已然产生。（图6-6、图6-7）

图6-4 归谬思维图形创意

图6-6 归谬思维包装设计：香蕉汁很纯，纯到整个包装都是香蕉了

图6-5 逆向思维图形创意

图6-7 逆向思维包装设计：大家都在使劲做包装外面的设计，我们不妨使劲做做里面的设计

三、纵向思维与横向思维

纵向思维，是指依循事物自身的某种结构规律，进行有序、可预测、程式化的思维形式。纵向思维遵循由低到高、由浅到深、由始到终等线索，因而清晰明了，合乎逻辑。我们日常的生活、学习大都采用这种思维方式。例如，我们常说"只要功夫深，铁杵磨成针"，就是典型的纵向思维。在包装设计中，并不是每一次创新设计都是"0到1"的创新，事实上，相当多的情况是需要进行"1到100"的优化。"0到1"是进行"人无我有"的开创型创新，"1到100"是"人有我优"的优化型创新。纵向思维，是"1到100"的重要思维方式。（图6-8）

与纵向思维对应的是横向思维，指突破问题的结构范围，从其他领域的事物、事实中得到启示而产生新设想的思维方式，它不一定是有顺序的，可能也是难以预测的。例如，前面说的"只要功夫深，铁杵磨成针"，是典型的纵向思维，但是如果把铁杵换成木棒，或者别的材质，会磨出什么来呢？这一换，便是横向思维的体现。我们常说"它山之石，可以攻玉"，也是横向思维的典型体现。在包装设计中，跨到其他产品、类型、领域去寻求设计思维、元素和表现形式的创新，常常能收获到意外的惊喜。（图6-9）

横向思维重在对全局与跨界的观照，纵向思维重在突破现有层面，将层面"拔高"。

图6-8 纵向思维设计
调研发现，运输包装通常会被超市用来搭建堆头的展台。
沿着这一思路深化下去，红蜻蜓食用油的运输包装设计充分考虑了卖场的展示与识别效果，因而常常被超市作为通用展台来运用。
此纵向思维设计的结果，使红蜻蜓品牌在超市获得大量免费的展示机会。
图片拍摄于重庆沃尔玛

图6-9 （右图）横向思维设计
注意此图黄色圈内的信息，天喔牌开心果在与其他品牌横向比较中，更贴近今天人们健康的生活习惯，更突出其天然无添加的信息，因而获得了更高的市场认同与更高的售价。横向思维之运用于设计，就是要找出、表达出与众不同的独特优势

更多精彩内容

国家级非物质文化遗产
中国四大名陶
【八百年工艺传承】
【三千年巴渝文化】

陶荣昌
RONGCHANG POTTERY
Top Four Famous Ceramic in China
Bayu Culture History of 3000 Years
Technique Inheritance of 800 years

品牌基础识别符号

设计关键词：始中见微 古今共生 凸显特色价值

巴渝尚品LOGO

荣昌陶LOGO

品牌LOGO与传媒标志组合规范

巴渝尚品·荣昌陶
品牌标识及系列包装设计

作品简介：2014年9月接到项目，创意总监曾敏做，打项目以"巴渝尚品"为主题确定全新荣昌陶系统形象。

设计感言：
3000年巴渝文化的厚重朴拙，800年荣昌陶器的历史异彩，1200度炉火与陶上的熔炼，
这一切，正巧汇入今天中华文明逢勃复兴的大潮。
传统与当代，在此碰撞、榕藏，创造出独具特色的荣昌陶新生。

系列包装设计规划

设计关键词：旅游市场 礼品市场 预期化设计 蜀庆特色 环保设计

国网包装

手提袋

纸盒包装

木盒包装

图6-10 荣昌陶品牌形象及包装设计 设计：曾敏

更多精彩内容

图6-11 荣昌陶品牌形象及包装设计　设计：曾敏

设计创意时，纵、横向思维常组合使用。

例如，《荣昌陶》的品牌与包装设计，主要运用纵向思维，对荣昌陶的历史文化、产品的设计、材质与工艺特质，以及目标市场进行了调研。同时，运用横向思维，对荣昌地域文化、中国陶器与瓷器的不同及其在世界上的影响，尤其对中国四大名陶即紫砂陶、坭兴陶、建水陶、荣昌陶进行了文化、产品、材质、工艺、市场等因素的横向比较。之后，综合提炼

出"3000年巴渝文化，800年工艺传承""国家级非物质文化遗产"等核心概念，将"拙雅相生，刚柔并济，古新结合"作为主要设计风格。这套品牌及包装作品，较好地体现了高温、古法烧制的荣昌陶所特有的，在粗放巴渝文化中的细腻，在四大名陶中的刚拙。

这套作品在帮助品牌取得较好的市场反响和效益的同时，也获得了2015年"第十二届全国美展"的提名奖，并在中国国家美术馆展出。

导言

　　本章中，我们将结合包装设计实践深入探讨：在包装设计过程中，行之有效的创新设计"路径"，以及包装创新设计的"关键点"。

　　本章中，我们所探讨的设计创新"路径"及"关键点"，是经过较长时期的设计实践，通过若干设计案例提炼总结出来的。但设计工作的挑战性在于，每一次所面对的问题及解决问题的路径与方式都不尽相同，恰如"我们永远不能踏入同一条河流"的哲学论断。因此包装设计的创新，一定会因时代发展、环境变化以及人的思维不同而有所不同。但事物的发展，在一定的宏观条件下，毕竟还是有规律可循的，因此本章仍然可以对设计创新的"路径"与"关键点"进行规律性梳理，以"抛砖引玉"，引发读者的共同思考。

第一节 包装创新设计路径

包装创新设计的路径，是将上述创新的观念、视角、态度与思维方式，融入包装设计各环节的过程。这些环节主要是：前期调研与定位—创意探索—设计表现—设计深化与完善。

一、设计路径之前期调研与定位阶段——明确核心价值，找出创新切入点

（一）明确创意目标

进入创意设计阶段前，一定要先明确创意设计的目标。为什么要创意？要通过创意解决哪些关键问题？这是创意设计的方向性问题。恰如一个武林高手如果不知道敌人是谁及敌人的要害在哪里，纵然精通十八般武艺，也只能是花拳绣腿。一个设计师可能掌握了十八般创意方法，但如果不明白创意目标和关键之处何在，也只能是自娱自乐的瞎比划。（图7-1）

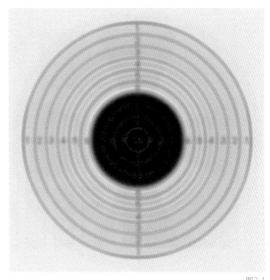

图7-1
目标不清晰，甚至没有目标，再好的射击姿势也是瞎比划

更多精彩内容

实体店调研

桌面调研

图7-2 橄榄油调研图
左上图为卖场调研，左下图为桌面调研；
右页图为调研后设计打样稿 设计：曾敏 幸鑫

（二）完全资料调研

围绕设计目标和需要重点解决的问题，进行完全资料调研，对于研判创意设计的着力方向，评估创意方案的可行性与风险程度都具有重要的意义。

完全资料调研，包括对设计项目及其各项关键目标有关的，所有可能查询得到的文献资料、实物资料进行全方位的调研。例如，设计橄榄油包装，如果对橄榄的种植、生长、采摘和橄榄油的加工工艺、品质等级划分，以及橄榄油的品牌与文化有所调研的话，国内大多数橄榄油商品的包装上就不会出现青橄榄果的插图，而应该选择已经成熟的、适合榨油的、乌黑油亮的橄榄果插图了。（图7-2）

（三）确定创意关键词

建议一定要以关键词的形式，将创意目标标注出来。将一系列的定位、设计目标提炼为数个关键词（建议三个左右），是确保设计中各环节都能被清晰理解，并紧密围绕核心目标展开工作的好办法。我们也把这种方法称为"关键词定位法"。（图7-3）

一款商品包装设计的过程，是由设计下单开始，经调研、定位、初稿设计、设计提案、深化设计、印前制作到打样的环节才算完成，不少时候还需要延伸到成品效果阶段。在这样的设计过程中，设计师是主要的方案设计者，但是通常需要考虑设计下单的客户、商品经销商、商品的消费群以及包装生产厂家的需求和意见，并且设计创意和设计表现形式本身也具有相当丰富的可能性。在此诸多因素诸多环节

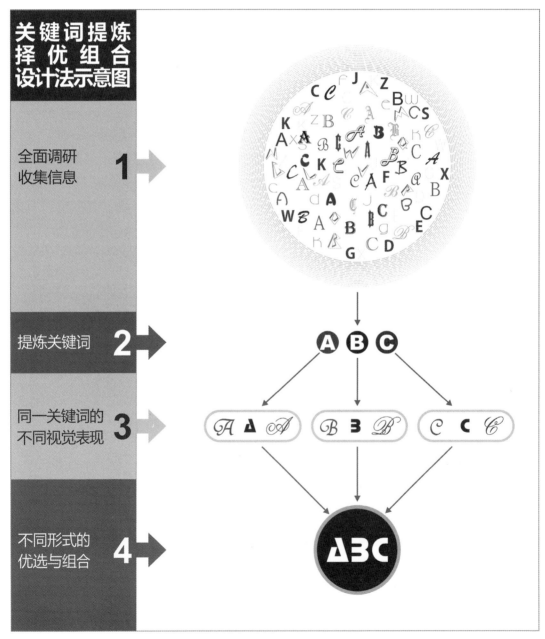

图7-3 关键词定位法图示　设计：曾敏

中，往往需要简洁明确的关键词来进行交流和确保各个环节的力量都协调一致，也确保设计工作不会失去重心甚至迷失方向。

例如，对"小角楼·楼亭美酒"礼盒的改版设计中，我们经过调研确定了商品"城市低收入人群的日常礼品酒"这一定位，从而在该礼盒包装的创意设计中确定了"传统喜庆、细节独特、低成本"等关键词，并将其贯穿于整个设计和生产过程中。新方案改变了深褐色植绒纸的原包装——远看高端，近观粗糙、晦暗的形象，使一款远看像几百元的酒，拿着像几十元的酒，打开像几块钱的酒——在包装形象上统一到"低端礼品酒"的定位上来。在酒、促销、渠道和终端都不变的情况下，新款包装帮助商品完成了年销售额提升10倍，单价提升30%的业绩。（图7-4）

图7-4 运用"关键词定位法"设计的新款《小角楼》礼品酒包装，理清、统一包装与商品价值的定位，帮助商品完成年销售额提升10倍，单价提升30%的业绩
设计：曾敏

二、设计路径之创意探索阶段——"概念"创新——讲述一个特别的故事

创，指创造、开创；意，指意图、概念。创意，是创造新的概念。

艺术设计活动常将"创意"与"设计"联系起来称为"创意设计"，可知创意之于设计的重要性。包装设计实践中的创意，不是为了"创意"而创意。设计创意的目的，是通过综合运用创意思维和视觉表现技巧，对受众的视觉和心理形成富有新意、定位准确、印象深刻的传播效果。

总体来讲，创意在包装设计中的作用，在于吸引关注、引发好感、促进销售、强化品牌形象。而在信息时代，人们每天都处在无数信息的包围之中，没有足够的创意就很难让消费者关注到需要传达的信息，从而使信息传达失败。基于前述两方面因素，创意对于促进商品销售具有重要价值，尤其是对于情绪化的商品具有更为显著的价值。

有趣的创意，往往能够引发人们会意的微笑，从而为信息传达营造一个良好、轻松的氛围。好创意会加深人们对商品的印象，也会强化人们对于品牌形象的认知，正如人们在生活中对于想法有特点、有趣的人的印象，往往比对那些刻板木讷、循规蹈矩的人的印象要深刻得多一样。

香港设计大师李永铨先生，特别善于通过"讲故事"的创意设计，赋予品牌及商品新的生命力。例如，他将一家传统女性内衣品牌，重新定位于少女内衣品牌，一改该品牌使用十余年单调强势的品牌形象。他以小女生们喜欢聊天的特点为切入点，将品牌名称改为"bla bla bra"。从年轻女性对内衣的性感时尚需求

图7-5 李永铨先生设计的bla bla bra品牌

出发，将品牌核心标志进行时尚、另类、简洁的全新设计。他以某些女生感兴趣的话题为线索，创造并通过一系列"bla bla bra"的动漫形象，讲述一个又一个的女生小故事，从而构建起一个"bla bla bra"的视觉形象"城堡"。

"一个已经有十几年历史的传统路线产品打造成年轻潮流品牌，改变首年，其主要店铺的业绩是之前的4倍。"（图7-5）

三、设计路径之表现阶段

（一）源自内涵，应景而发的"文体"创新

在此处，我们借文章的风格、体裁，即文体，用以指设计的风格。

文章的"文体"，似乎已经早有体系甚至泾渭分明。但是在包装设计中，"文体"却往往呈现出模糊混杂的状态，于具体的某款包装

而言，这模糊混杂的状态又似乎常常具有某种明确的倾向性。此外，同一款商品，在不同的市场时期，其包装的"文体"可能会是一以贯之，但也可能是逐渐变化甚至南辕北辙。（图7-6、图7-7）

因此，对包装的"文体"，虽然，难以归类梳理，但是事实上也确有必要。

当包装设计面对市场时，人们总会以"这款包装具有某某风格特点"这类语言对其进行探讨或评价。这又表明，人们需要包装具有某些风格倾向，并且还期望包装风格是有"特点"的，亦即希望看到有新意的包装设计风格。

那么，问题在于，包装设计"文体"创新，缘起何处？

有相当多的因素会影响包装文体的创新，但从总体上看，主要可以从两个方面来把握。

图7-6 从"大米—有机米—东北米—泰国米"的包装看，因内涵而发生了设计"文体"变化

大米包装

有机大米包装

泰国米包装

一方面，是被包装物的名称。

任何需要包装的物品，绝大多数时候是有其名称的。而名称则往往揭示着其内涵、特征或者其他诸如功效、产地、历史、文化等信息，而这些信息往往成为设计创意的重要灵感来源。如果被包装物暂时没有名称，但从性状，或材质，或功能上看，它通常总会属于某个类型的商品。例如被包装物依据"米""酒""手机"这些名称来激发创意，和依据"有机米""红酒""智能手机"来创意，或者依据"泰国有机米""法国红酒""苹果手机"来创意，相信会有不同的创意因子蹦出来。

另一方面，是商品被消费的情景。

什么样的人，在什么时间，以怎样的方式来消费某件商品？这是一种怎样的情景？包装需要如何让这样的情景体验加分？比如一包饼干的包装，应该有怎样的风格设计才更吸引消费者？我们首先要看看这是面向儿童、女性还是大众皆宜的饼干，从而进行有针对性的风格设计。如果这饼干是以居家消费为主，考虑到实惠和食用、清洁条件的方便性，包装规格可以设计得较大，并且不必要采用分零的小包装。但如果这饼干是以旅途休闲消费为主，则要考虑便携、多人分享的便利性和是否便于清洁，则需要设计小规格的分零包装。一款赠送老年长辈的保健品，如果设计成黑灰色调，可能年轻人会觉得很酷，但是真正的目标受众老年人可能就会觉得晦气。

图7-7
以中老年人为主要消费人群的保健酒，主要用于宴请聚会的白酒；
常作为夜场消费的洋酒，因为它们的消费情景不同，所以有不同的"文体"变化

保健酒   白酒   洋酒

尽管我们常常觉得，同类商品似乎约定俗成似的有着某种类似的"文体"。但设计不能对此"唯唯诺诺"，而是要研究其规律，找出其背后的本质规律，才能放开手进行"有目标的创新"。例如，冬虫夏草是名贵的滋补藏药，因此长期以来许多冬虫夏草的包装设计风格都与藏文化、富贵气、喜庆滋养的调性有关。而"极草"不但在服用方式上颠覆了传统，其在包装上也一反主流的红金紫调的传统富贵气，采用高科技感的剔透冷色调。这不仅让人耳目一新，显著区别于高端保健品的传统主流，而且让人瞩目，认同其高冷神秘的风格。究其原因，应该正是在于其找准了虫草乃是天地自然孕育的极致滋养品，并且"极草"颠覆性地运用现代科技提炼其精华而改变了服用方式。因此，"极草"的包装设计风格，以极简反厚重奢华，以立体造型反平面印刷，以科技高冷感反传统喜庆感，获得了很好的市场认同。（图7-8）

（二）源自内涵，依托文化的"词汇"创新

同样的食材，同样的食材加工方式，不同的厨师也难以做出风格迥异的菜肴。同样的砖头，同样的建筑工艺，造就了今天世界各地如出一辙的高楼大厦。包装设计也是类似情形，同样的设计工具软件，同样的印刷工艺，同样的商品销售渠道，面对同一个市场中的顾客，造就了无数林林总总却又似曾相识的包装。

如何创新？

食材，天然新鲜的好，我们不动它，但

图7-8
尽管"极草"已经被国家有关主管部门"叫停"，但几年时间中，"冬虫夏草，现在开始含着吃"这一经典广告语使"极草"已被广为人知。而"极草"创新性的包装设计，为其作为保健品中的"奢侈品"加分不少

是我们可以在食材的加工和厨艺上加以创新。建筑工艺受今天技术发展的影响，我们不去动它，但我们可以在建筑的造型设计上创新。现代建筑业经过半个多世纪的发展，各样的建筑造型样式大家都已见怪不怪。但我们可以从一片瓦、一匹砖来创新，从最基础的建筑"词汇"开始，来构建一个独特的"语言系统"。

事实上，根据设计对象的内涵，以及其目标受众群对这类产品所属的，他们亦能理解、接受甚至崇尚的文化，创建基础的"设计词汇"，并进行创新性的构建组合，哪怕设计出来的作品从表面上看整体造型平平凡凡，但由这些原创的"词汇"来构建出的整体造型，总是给人既熟悉又陌生的新鲜感和值得细细品味的质感。

日本建筑设计大师隈研吾先生的作品，以及香港李永铨先生的作品，都向我们展示了这一设计创新的路径。（图7-9、图7-10）

图7-9 "基础语汇"构建"语言系统"举例
从一片瓦的设计汇聚成面与体的独特
设计：隈研吾

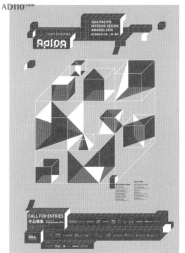

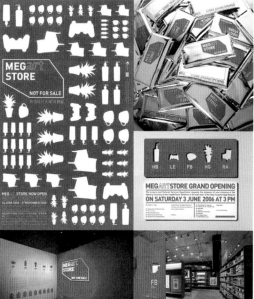

图7-10 "基础语汇"构建"语言系统"举例
设计:李永铨

（三）无所不可的"接触点创新"

品牌接触点是指顾客有机会面对一个品牌讯息的情境。每一个品牌接触点，都是提升品牌形象，建立、维系、促进品牌与消费者关系，提升消费者忠诚度的机会，可以分为主动接触点和自然接触点。前者主要通过设计实现接触，例如，广告、促销、公关活动等；后者主要是在正常的购买、消费活动过程中呈现的情形，例如，产品造型、包装设计、货架陈列等。

本书中讨论的"接触点"，主要是指商品在正常的销售、消费活动中，商品包装与消费者或商品最终使用者之间自然产生的接触情形，如审视、拿取、购买、携带、使用、再用、丢弃等情形。（图7-11）

每个接触点的设计，应准确把握其必要的内涵与功能，至于形式，则可有无尽的变化。

1.首当其先的接触点——包装形态造型

包装形态造型，是终端消费者第一眼接触到的品牌形象，会令消费者对品牌文化及商品

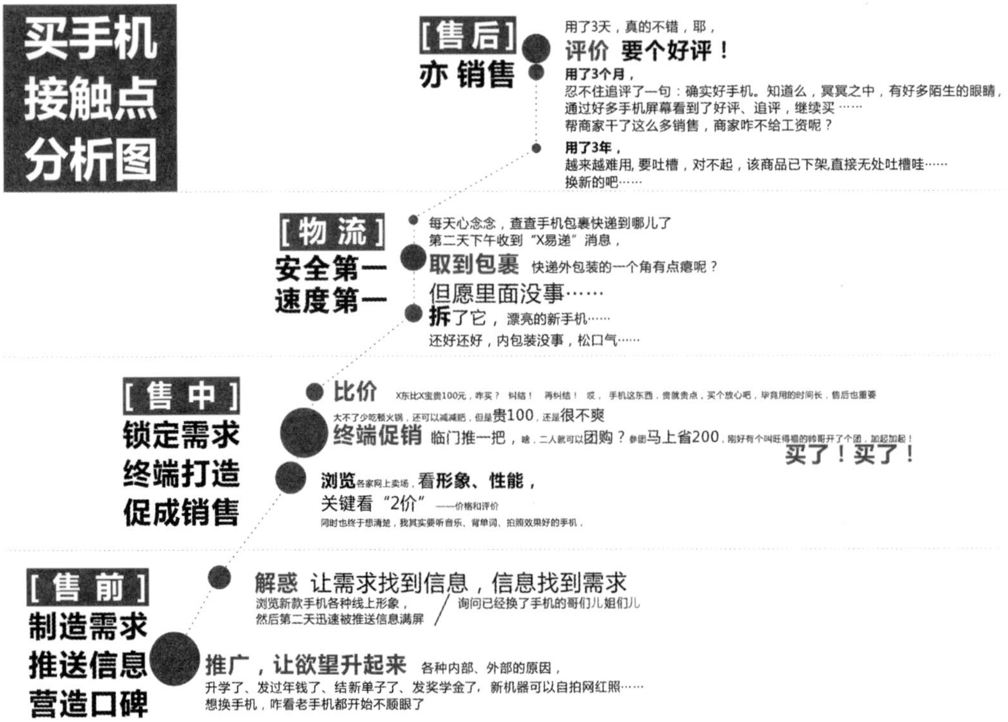

买手机接触点分析图

[售后] 亦 销售
用了3天，真的不错，耶，
评价 要个好评！
用了3个月，
忍不住追评了一句：确实好手机。知道么，冥冥之中，有好多陌生的眼睛，通过好多手机屏幕看到了好评、追评，继续买……
帮商家干了这么多销售，商家咋不给工资呢？
用了3年，
越来越难用，要吐槽，对不起，该商品已下架，直接无处吐槽哇……
换新的吧……

[物流] 安全第一 速度第一
每天心念念，查查手机包裹快递到哪儿了
第二天下午收到"X易递"消息，
取到包裹 快递外包装的一个角有点瘪呢？
但愿里面没事……
拆了它，漂亮的新手机，
还好还好，内包装没事，松口气……

[售中] 锁定需求 终端打造 促成销售
比价 X东比X宝贵100元，咋买？ 纠结！ 再纠结！ 哎，手机这东西，贵就贵点，买个放心吧，毕竟用的时间长，售后也重要
大不了少吃顿火锅，但是贵100，还是**很不爽**
终端促销 临门推一把，嗯，二人就可以团购？ 参团马上省200，刚好有个叫旺得楚的钟刚开了个团，加起加起！
买了！买了！
浏览 各家网上卖场，**看形象、性能**，
关键看"2价" ——价格和评价
同时也终于想清楚，我其实要听音乐、背单词，拍照效果好的手机，

[售前] 制造需求 推送信息 营造口碑
解惑 让需求找到信息，信息找到需求
浏览新款手机各种线上形象，
然后第二天迅速被推送信息满屏 / 询问已经换了手机的哥们儿姐们儿
推广，让欲望升起来 各种内部、外部的原因，
升学了、发过年钱了、结新单子了、发奖学金了，新机器可以自拍网红照……
想换手机，咋看老手机都开始不顺眼了

图7-11 接触点示意图 制图：曾敏

品质产生第一时间的直觉判断。

包装的外在形态，也通常是终端消费者第一眼接触到的品牌形象，会令消费者对品牌文化及商品品质产生第一时间的直觉判断。但是一定要注意，再漂亮的包装，如果顾客打开后发现商品已经损坏，其心情估计很难"漂亮"起来。

包装的结构方式和容器造型是创意设计的重要载体。或者因为形象塑造的需要，或者因为某些功能的需要，或者因为生产工艺或生产成本的需要，不同的包装容器有着不同的内在结构，携拿方式、开启方式，并促成不同的包

装容器造型。艺术设计专业的学生们一定不要草率地以为，包装形态的保护功能只是包装工程设计的事务。事实上，无论包装形态如何变化，有效保护商品总是第一位的重要因素。不能有效保护商品的包装形态，再漂亮也令人遗憾；而没有特色，不具备良好审美品质和感染力的包装形态，则很难令商品在激烈的竞争中脱颖而出，也难以在终端上构建出良好的消费体验。（图7-12）

在实体店的货架上，我们所看到的商品的漂亮包装，绝大多数都是经过厂家—总经销—分销商这样的渠道，经过较为折腾的物流过程

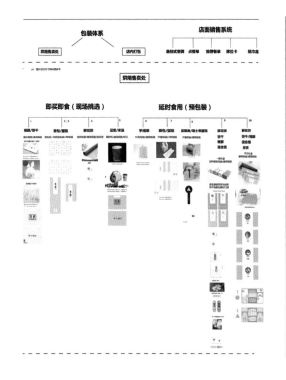

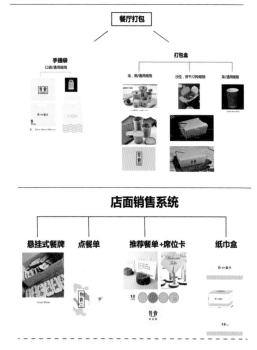

图7-12 包装接触点创新设计案例一组
设计：李为知　指导教师：曾敏

图7-13 物流与销售结合的包装造型创新设计

视。但这也从另一角度说明，保护功能在今天已经是商品包装普遍应该具备的基础功能。

在当今愈来愈普及的电商物流中，包装对商品的保护功能要比实体店的商品物流重要得多。而同时，因为电商的物流包装会直接送到终端顾客手中，因此其保护功能与包装造型的形态直接影响到消费者的体验，进而对品牌形象产生影响。（图7-13）

因此，包装设计工作应该更好地研究包装工程设计的内容，并与之进行良好的合作，以确保包装的形态设计在功能、美学、成本等方面取得合理的平衡。

包装设计实践中，有时候客户会指定或者提供包装容器的形制与材质，例如，香烟包装大多数时候是采用业内同行的盒型制式，只需要设计师考虑图文信息的创意设计。而另一些情形，需要从容器造型、结构布局到图文信息进行全面系统的设计，例如，全新研发的酒包装、香水包装等。无论哪种情形，包装容器的结构及其造型在最终消费者面前，都需要与图文信息等其他方面的包装要素语言一同完整地呈现。因此，设计师在进行包装创意设计时，应将包装结构及其容器造型与图文信息进行整体系统的创意设计。

需特别注意的是，如果包装

到达零售终端，然后拆除运输包装，得以陈列在货架上。直接接触商品的销售包装，在物流过程中仍然要担负确保商品不被损伤、不致变质的功能，还要具有良好的"货架竞争力"。只是，在实体店的销售模式中，销售包装的"货架竞争力"太过重要，而使其保护功能常被商家和消费者乃至包装设计师忽

图7-14 透明包装造型创新设计

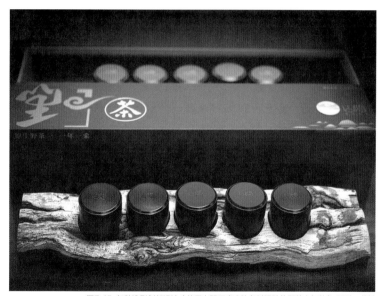

图7-15 包装造型创新设计（使用木器厂废弃边角料设计的野茶内包装） 设计：曾敏

是透明材质，从外观上就能够看到真实的商品状态，那么请一定将商品的形态、质地、色彩等属性，一并纳入包装的整体形态设计之中。（图7-14）

以上，我们仅仅阐释了包装保护功能、信息、商品形态等因素与包装形态设计有机整合、合理平衡的重要性，以避免脱离包装的实际需求而对包装形态做片面设计。好的包装形态设计，除此之外，最重要的是能在第一时间引发人们的关注、惊奇与赞叹。这需要借助于独特、巧妙、漂亮且定位准确的设计。（图7-15）

2.极重要的接触点——图文信息

包装上呈现的各类图文信息，是进行商品包装创意设计最常用、最重要的载体。图文信息主要是通过其版式、字体、插图、色彩等要素的设计，来进行创意表达。

以图文信息为主要创意载体，对于大量快消品使用的塑料袋、复合纸袋和折叠纸盒的包装设计来讲显得尤为重要。因为这些包装的结构和材质通常为人们所熟悉，并且变化有限。在这类包装中，图文信息往往是承载创意的主要甚至唯一的载体。

包装上的图文信息设计，主要从两个方面来考虑：一是信息内容的提炼与梳理，二是图文的样式风格设计。在第二章第三节中，我们已经对其常规的设计方法，有较为详细的讨论。无论基于实体店货架的竞争需要，还是电商平台，包装图文信息的创新设计需要注意三点重要技巧：

技巧之一：纯"底"凸"图"。作为"底"的图文信息，其视觉样式宜尽量单纯；而需要强调的品牌、品种、卖点等信息，宜以较为整体的形态凸显于"底"之上。这样做的好处是，相对于繁杂的"底"，在单纯的"底"上的核心信息更容易被人关注。单个包装因为其整体单纯，更容易从复杂的货架背景中"跳出来"；当数个同款或系列包装并置于货架时，它们的"底"更容易融为一个整体，形成一片更大面积的"底"，使系列产品在货架上形成更大面积的视觉呈现，获得更强大的货架竞争力。（图7-16）

图7-16 包装图文信息创新设计技巧：纯"底"凸"图" 设计：汪天天 朱月清 糜蓓怡 肖钱红 指导教师：曾敏
此种技巧，可以使同品牌的系列产品，在商超货架上成规模陈列时，具有"背景单纯"而"主信息凸显"的效果

技巧之二：内"合"外"别"。图文信息的风格，应该与大多数消费者对所包装的产品的积极属性和心理感受相吻合。但是，请特别注意，在具体设计样式上，有必要与主流产品形成差异化。即是说，包装图文设计的风格需要在"需求之中""常态之外"，内蕴是被主要消费人群认可的，但形式是与主流常态相区别的。（图7-17）

技巧之三：描"形"画"像"。在创新设计时，要描述和把握目标消费群对该商品的消费情形，揣摩其消费时心理需求之"心像"。这也往往是最见效果的图文风格的设计技巧。例如，在运动手表的销售中，其产品功能、推广画面、包装设计风格等，都与其目标消费人群的消费情形与心理偏好相关。（图7-18）

图7-17 包装图文信息创新设计技巧：内"合"外"别"
此种技巧，关键在于把握消费群对于品类的核心需求，或者说大多数人在大多数时候对某类商品的普遍性关切点，此为"内合"；而这种"内合"需要品牌及设计师以与众不同的外观设计来表达，此为"外别"。例如，瓶装水包装，大家都希望其具有剔透纯净的感觉，抓住这个"内合"，然后就可以有无尽的外在形式的变化

图7-18 包装图文信息创新设计技巧：描"形"画"像"
此技巧的关键在于，设计时应准确把握目标消费人群对此商品的需求点，将商品的价值点与消费者的需求点结合起来，并且以消费群中较为典型的消费、使用情形作为这些结合点的创意设计和信息表述的支撑，即通过描述典型的消费情形启发目标消费者需求的"心像"

图文信息设计的红线：需要特别重视的是，包装设计中，要确保图文信息内容的正确性、合法性，与造型样式设计的原创性。哪怕是一些微小的纰漏，都可能让之前的全部设计工作化为乌有，并且极可能给企业和设计方的声誉与经济利益都造成难以预估的损害。此处务必慎之又慎！

通常，图文信息的原始内容的正确性与合法性，由甲方及包装设计委托方负责；图文信息风格设计的原创性与合法性，由设计方负责。此处罗列我国的与包装设计有较密切关系法规、标准若干，读者朋友可购买学习：

《中华人民共和国著作权法》

《中华人民共和国商标法》

《中华人民共和国专利法实施细则》

《食品安全国家标准预包装食品标签通则》（GB 7718-2011）

《产品标识标注规定》

《中华人民共和国产品质量法》

3.最亲密的接触点——包装材质

材质是包装设计中，进行触觉表达和视觉表达时都非常重要的语汇。

包装生产上广泛使用各种纸、塑料、木、金属、玻璃、陶瓷、布料、皮革和各种复合材质等。不同材质甚或同一类型材质，有着不同的理化特性，给人的色彩、质感都不相同，并带给人的情感感受也不相同。

土、木、竹、革。天然材料，给人以天然、质朴、温暖或者厚重的感受。（图7-19）

更多精彩内容

图7-19 天然包装材质应用效果
上两图为普洱茶包装，下图为泰国糖果包装

金属、玻璃。工业时代材料，看不见原始材质，给人以机械、冰冷、华丽及工业时代的感受。（图7-20）

纸、陶瓷、棉麻、锦缎。传统人工材料，看得见原始材质，给人以传统、文雅、温暖或者精贵的感受。（图7-21）

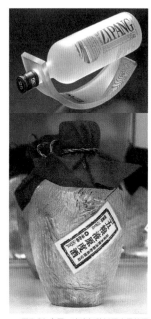

图7-20 金属、玻璃包装材质应用效果

图7-21 传统人工材料包装材质应用效果
设计：罗茜 指导教师：曾敏

塑料、亚克力。高分子材料，看不见原始材质，给人科技感、神秘感、通透空灵的感受。（图7-22）

如果将不同材质进行搭配组合，又会产生更加多样的质感变化。（图7-23）

包装材质的应用，应从设计的整体需要出发，围绕设计定位，从设计风格、经济成本和加工技术等角度综合考虑。

图7-22 塑料、亚克力包装材质应用效果　曾敏拍摄于Bournemouth

图7-23 玻璃、金属、织物等综合材质构成的绝对伏特加包装　拍摄：曾敏

更多精彩内容

图7-24 包装工艺创新设计
米其林烹饪包装采用密集的击凸工艺，既有效传达了信息，又获得了独特
的形式感，还尽可能降低了油墨的使用

4.感知诚意的接触点——包装工艺

包装的生产工艺是重要的设计语汇。例如，采用不同的印刷工艺会使图文信息最终呈现出不一样的质感；印后的整饰和成型加工，又更加丰富了包装的成品效果。（图7-24）

从一个有心的设计师的角度，那些人们司空见惯甚或是几近淘汰的包装印制和加工工艺，说不定就潜藏着令人心动的创意。例如，使用烫印的工艺，在粗糙的纸张上烫压出凹陷发亮的黑色图文，就会比使用丝网印刷更能营造出一种厚重朴拙的效果。

包装加工工艺的质量，会向人们传递信息。例如，在好的设计上采用粗制的工艺，会让商品显得"山寨"。而普通设计如果加工工艺精良，也会向消费者传递"这是一个规范的企业"的信息。当然，理想的状态是设计好，工艺也好。但是现实中，很多时候，设计师不得不在成本、技术条件和设计效果之间做出妥协，找到平衡。

四、设计完善阶段——整体检测，回归定位

设计完善阶段，是在初步方案的主体部分已经初步确定后，对包装的信息内容及设计风格进行全面深入的推敲设计的过程。这个阶段是围绕既定的设计定位，对包装整体效果进行调整和平衡。注意，设计完善不只是对"细节"的完善，更是对"关系"的推敲。

设计完善阶段，需要对信息传达的功能与层次关系进行细化；对各展示面内部及其之间的审美关系与风格进行平衡；对包装的整体风格进行细化和统筹；既要细化、完善各个基础视觉形态本身的造型设计，同时要完善包装整体上的色彩关系和版面结构关系，还要仔细考虑设计方案在印刷工艺上的技术规范要求。

设计完善阶段，应该特别注意两个问题：一个是整体的信息与风格是否能正确反映或者说回到设计定位上去；另一个是对需要突出的特色内容进行深化完善的设计，确保其能够在第一时间内打动目标受众。（图7-25、图7-26）

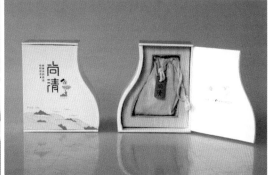

图7-25 包装完稿整体检测示意图：打样成型检测 设计：施览芯 王倩 朱旭煜 指导教师：曾敏

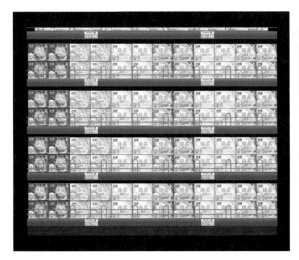

图7-26 包装完稿整体检测示意图：货架模拟检测 设计：曾敏

第二节
包装创新设计的"三个第一"

售前包装，即需要顾客预先通过其来了解并判断是否购买商品的包装。售前包装的设计，对零售终端商品的销售起着重要的"无声促销员"的作用。

售后包装，即顾客前期主要通过对商品本身直观或者间接的观察、了解、体验，并在购买商品后才接收到的商品包装。售后包装的设计，主要关乎消费者体验，以及品牌价值与形象的延伸。

无论是对于售前包装还是售后包装，如果要完成自己作为商品包装的"使命"，通常都会经历被消费者看见、触摸以及打开的三个环节。

我们把这三个环节称为商品包装与消费者之间的"三大关键接触点"。每个关键接触点发生的"第一次接触"，是吸引、感染、说服消费者关注、喜爱包装，是其接受商品极重要的契机。自然，这"三个第一"也就成为包装创新设计的必争之地。

一、看见包装的"第一眼"

人们在逛卖场的时候，常见的状态有三种：第一种，无目的地闲逛，比如女生常把逛商场作为一种休闲，逛了半天却并不一定购买什么东西；第二种，有大致目的但并不确定，比如为看望一位朋友而需要买礼物，但是并不确定具体买什么，就去商场逛逛以期找到合适的礼品；第三种，目标具体明确，去到商场后直接查找、购买需要的东西。无论以上何种情形，都需要包装在货架上可以显著地引起消费者的关注。

而在消费者目光扫过货架的那一瞬间，商品包装能否从货架众多同类竞品中"跳出来"，引起消费者的注意力，则对商品是否可以获得消费者关注的关键因素。

另外，即使消费者已经在第一时间被包装吸引，并对其给予了关注，但要让消费者在第一印象上产生喜爱之情，相当程度上还要借助设计所赋予包装的艺术感染的力量。

因此，从货架抑或电商平台的网页浏览上，第一时间要引起消费者关注，并引发其产生独特、良好的审美感受，成为包装创新设计应该给予十分重视的"第一眼"设计。凸显商品特色优势，并切中消费者需求的信息和风格设计，是包装"第一眼"设计的重中之重。（图7-27）

图7-27 "第一眼"就"跳出来"的包装设计 曾敏拍摄于Bournemouth

更多精彩内容

二、 拿到包装的"第一触"

生活中，人们与商品包装之间发生的第一次亲密的"肌肤接触"，通常在下列情形中：当人们被货架上的包装吸引，从而产生兴趣拿下来在手中看看的时候；当购物后店员将商品包装好交给顾客的时候；当快递包裹到达消费者手中，被逐层拆开的时候。

在这些情形中，通常人们会因为商品包装的造型与体量、图文信息的内容与风格样式、材料质感与加工工艺等的不同，而对商品产生欣赏、挑剔、普通、不屑等不同的评价或预期。在售前包装中，比如，当顾客被货架上的糖果包装吸引，进而产生兴趣拿下来在手中仔细观看的时候，如果包装所呈现的分量感、质感和工艺等都不错，就会令顾客对商品产生品质不错的预判与期待，进而更有可能激发其购买该商品的动机。再比如，当顾客在体育用品店购买一双运动鞋后，店员将商品放入包装并以手提袋装好，将其交与他的时候；或者消费者在电商平台购买的手机，其快递包裹到达他手中的时候，虽然消费者并不是依据包装才采购的商品，但如果包装保护周到、工艺精良、形象良好，则会令人对商品及品牌产生良好的体验预期和对品牌的信任甚至欣赏预期。反之，则令商品和品牌的体验与形象预期下降。（图7-28）

更多精彩内容

图7-28 "第一触"就动人的包装案例——英国LUSH手工皂品牌，其产品与包装均以突出手工艺特色为其动人之处 曾敏摄于 Bournemouth

三、开启包装的"第一开"

人们总是对眼前的未知充满探索的期待。例如，婚礼上面纱下的新娘，旅途中新入住酒店的窗户，一个正在被切开的西瓜，一封交警寄来的信等。

而对于商品包装，我们一定不乏这样的体验：打开一款食品包装时对美味的期待，打开快递送来的手机包装时对货品安全与否的担心与释然，打开一件礼品包装时的喜悦等。平庸的包装设计，会让这些体验变得索然无味；美的包装设计，可以让这些体验变得愉悦。而如果能在美的基础上，对包装的打开方式与打开时那一瞬间的呈现，再加以创新性设计，则可以在人们打开包装的第一刻带来惊喜与感动。

在日复一日繁忙又平常的时间流逝中，不时地为人们的生活擦燃一点眼中的亮光甚或触及心中一点点意外的感动，不正是商品包装设计师和设计委托方在"商品"之外为人们生活得更美好而可以有所作为之处么？作为设计师，当看到自己设计的包装瞬间点亮人们眼中那一丝惊喜感动的亮光时，自己不是也充满着"赠人玫瑰手留余香"的满足感么？（图7-29）

更多精彩内容

图7-29 "第一开"让人意外且触动的包装 设计：曾敏

145

后 记

这是一本字数不多，写起来却有"三惑"的《包装设计》。

一惑，是要同时涵盖实体商超和电商平台包装设计的要义。

好在，在成书之前，我已经有十余年成功进行商超销售包装设计的实践经验和理论梳理的经历。此外，在数年前我已经展开对电商平台包装设计的研究，并已经发表了相关论文。而在写作成书期间，我正在主持设计一系列的电商平台与实体店同时销售的商品包装设计。因而，此第一惑，正是在借此书编写过程中得以梳理并化解的。

二惑，是如何突破自己的一系列《包装设计》著述。

在之前数年间，我陆续出版有专著《商品包装设计》《市场实现·包装设计》及编著《设计路线图——包装设计》。尽管每本书照顾的读者层面和侧重点均有不同，但难免有认知、经验甚至编写思路上的相互影响。为了找到本书的侧重点与创新点，我花费了较长时间思考，也由此耽误了西南大学出版社的正常出版进度，实在抱歉。好在，经过本丛书主编杨仁敏教授的中肯指导，最终确定下来本书的写作重点：即立足于"新动力"，通过大量设计实践案例，探讨包装创新设计的背景、动力、路径与关键点。这也形成了本书区别于我其他"包装设计"系列或市面上常见的包装设计教程的特色——立足创新，直击要害；知其然，知其所以然。

三惑，是如何汇集大量有针对性的、有代表性的、有时代性的创新型包装设计案例。

好在，有两位年轻的设计师相助，一位是我工作室的助理许节先生；另一位是我的研究生李为知同学，2015年四川美术学院研究生作品年展最高奖的获得者。他们以其年轻的心和敏锐的眼光，为本书制作和收集了许多富有新意且充满年轻气息的案例，相信对读者朋友能够产生较为感性、直觉的启发。还有一些，是我亲自主持或主笔的设计案例，则有助于剖析设计的来龙去脉，使设计专业的同学看得更加清晰、真切。

此"三惑"得解，书自成稿。

在此，诚挚感谢我的导师杨仁敏教授，感谢西南大学出版社的编辑袁理及为本书的出版付出辛苦努力的老师们，也要特别感谢我年逾七十的母亲和夫人罗静女士，以及我挚爱的女儿梓琪，是她们为我创造了舒心的写作环境。没有大家的支持，我很难完成这部书稿。

本书稿初成于我在英国访学中期，部分观点、方法与案例来自访学期间的考察与思考，回国后又经过多次修改。但因我学识有限，书中尚存诸多问题，敬请读者和同仁前辈们不吝指正。

另需说明的是，本书中的主要观点与方法是我主持的四川美术学院科研项目"重庆地方特色产品的品牌与包装'整合提升'设计策略研究"（项目编号：15KY12）的重要研究成果内容。修订后的部分重要设计案例，是我主持的重庆市艺术科学研究规划重点项目"乡村振兴战略下重庆农特产品品牌形象的多维整合推广设计"（项目编号：18ZD01）的设计研究成果。

曾 敏

于四川美术学院虎溪校区

参考文献

1.李永铨，张帝庄. 消费森林×品牌再生[M]. 北京：生活·读书·新知三联书店，2012.

2.曾敏. 商品包装设计[M]. 上海：上海交通大学出版社，2014.

3.刘秀伟. 挺进零包装[M]. 北京：化学工业出版社，2012.

4.菲利普·科特勒，凯文·莱恩·凯勒. 营销管理[M]. 卢泰宏，高辉，译. 北京：中国人民大学出版社，2011.

5.艾·里斯，杰克·特劳特. 定位[M]. 王思量，译. 北京：中国财政经济出版社，2010.

6.山田敦郎. 品牌全视角[M]. 申胜花，译. 上海：上海人民出版社，2008.

7.中西元男. 超越CI：企业新形象设计[M]. 王超鹰，译. 上海：上海人民美术出版社，2008.

8.贾尔斯·卡尔弗. 什么是包装设计[M]. 吴雪杉，译. 上海：中国青年出版社，2006.

图书在版编目（CIP）数据

包装设计 / 曾敏著. — 2版. — 重庆：西南大学
出版社，2023.1
（设计新动力丛书）
ISBN 978-7-5697-0430-3

Ⅰ. ①包… Ⅱ. ①曾… Ⅲ. ①包装设计 Ⅳ.
①TB482

中国版本图书馆CIP数据核字（2020）第162068号

"十四五"普通高等教育规划教材
设计新动力丛书
主编：杨仁敏

包装设计
BAOZHUANG SHEJI

曾敏 著

选题策划：袁　理
责任编辑：袁　理
责任校对：戴永曦
封面设计：汪　泓
版式设计：曾　敏
排　　版：黄金红
出版发行：西南大学出版社（原西南师范大学出版社）
地　　址：重庆市北碚区天生路2号
邮　　编：400715
本社网址：http://www.xdcbs.com
网上书店：https://xnsfdxcbs.tmall.com
电　　话：（023）68860895
经　　销：新华书店
印　　刷：重庆康豪彩印有限公司
幅面尺寸：170mm×247mm
印　　张：9.25
字　　数：219千字
版　　次：2023年1月 第2版
印　　次：2023年1月 第1次印刷
书　　号：ISBN 978-7-5697-0430-3
定　　价：65.00元

本书如有印装质量问题，请与我社市场营销部联系更换。
市场营销部电话：（023）68868624　68253705

西南大学出版社美术分社欢迎赐稿。
美术分社电话：（023）68254657　68254107